生长空间

De

左加 著

中国林业出版社

参与生长

一

一间房子，是一个空间。

然后，进来了一个男人。

后来，又多了一个女人，她跟男人结婚了，这个房子，这个空间，就成了一个家。再后来，一个孩子降生了。

在孩子的概念里，这个空间不是房子，是家。

房子是物质的空间，有长、宽、高三个维度。

房子是给人居住的，于是，时间这个维度参与了进来，生命这个维度也参与了进来，就多了两个维度。

于是，有人居住的房子，就成了五维的空间。

一间房子，一个男人、一个女人，一个孩子，构成了一个家。

再再后来，男人和女人离婚了。

男人还在，女人还在，孩子还在，房子也在，但是，家，没有了。

家是什么？

空间是有维度的，家肯定不是一个五维的空间？

家还有一个整体性在里面，这个整体性是什么？

我们可以说，这个整体性，是一个概念，或者说是一种意识，再或者说是一种精神，等等……

二

左加《生长的空间》在说空间的生长。
空间的生长，是因为有生命的参与。

三维的空间是静态的，有了时间的参与，就变成了四维的、动态的空间了。我们甚至还可以感受到，春夏秋冬，四季更替，老天在参与空间的生长；花开花落，青山绿水，大地也在参与空间的生长。

从科学的角度看，任何一个空间，都是一个场。日月星辰、天地万物构成的磁场；风雨雷电、大山大海构成的气场；鱼虫草木、飞禽走兽构成的生命场……最后，因为人的参与，空间便有了不同寻常的意义。

当有了人的参与，空间就有了生机，有了活力，就有了五维的、六维的，乃至七维、八维的属性，而当人在这个多维的空间中结成种种群体、组织的时候，空间就变成了一个整体，一个能够自己生长的整体。

无论是家庭空间的生长，社区空间的生长，亦或是城市空间的生长，因为有了生命的参与，空间有了多维的属性。而当人参与其中时，就像左加说的，空间有气质了。

家庭空间、社区空间、城市空间，这种种的空间都会散射出自己独特的气质。
这些空间为什么会散射出自己的气质？

我们这些人参与其中的种种做为，有机连结而形成了一种整体性。
就像家是一个整体性存在一样，社区空间会有一个整体性存在，城市空间也会是一个整体性的存在。
这个整体性，就是那个空间的灵魂。

回到结婚、离婚、再复婚的故事，我们可不可以说，家就空间而言，有个整体性的灵魂存在？
也许，空间的气质正是因此而出。
只是在现实的城市里，在各种各样的空间的形成中，我们看见了太多的野蛮的生长。而所有的野蛮，都是因为缺少对整体性的领悟，或者说，是灵魂的缺失。

空间、时间、生命、整体性——灵魂！

这样说来，左加在干什么？他在用自己的思想、自己对生命的感受、自己对空间的解读，去参与一个家庭、一个社区、乃至一个城市的空间的生长。

而在参与的过程中，左加的价值体现，我想，就应该是对那个整体性的关照，对那个灵魂的捕捉。

三

开始参与左加的“生长”，大概在15年前，那时他没有多少钱，却经常在五星级酒店的大堂咖啡吧，手上拿着笔和画纸。

那是一个少见的画面：在财气十足的酒店大堂，一个缺少财气的青年人，身上焕发异样的勃勃生机，这与当时的场景完全不和谐。

左加在“生长”，就像我们所在的这座城市，一路生长着。

十五年过去了，我一路看着、参与着、体会着，我能感受到很多的东西都因“生长”而消失了，或者改变了，但那种“异样的勃勃生机”，在左加身上并没有消失，也没有改变。

一本书的出版，不是作者一个人的事，会有很多人的参与。

一般作者请人给自己出版的书写序言，都会找有影响力的人。所以，左加找我写序言，一开始我认为他找错人了。但他说非我莫属，因为我一路参与了他的“生长”。

当我把写序言，当成一种参与的时候，我很感谢左加。他给这样一个机会，让我又参与了一次！

因为参与，在《生长的空间》里，我又感受到了那种“异样的勃勃生机”！

所以，左加这本书在表达什么，大家不必太过较真，只需要去感受，从每一个画面、每一段文字中去感受、去参与……

有参与才有“生长”。

我想，每个读者应该都能从左加这本书中，找到自己的精彩、自己的答案，和自己的“生长”。

因为翻开这本书，你就已经在参与了。

金慧书院 [signature]

2012.6.16

前言

样稿出来了，出版社的编辑忧心忡忡地提醒我：你想给谁看？写这本书的目的在哪里？把一本作品集做得如此感性空灵、不着边际，会有多少人有兴趣读下去呢？

是啊，现在大家都喜欢耳目一新的视觉冲击，都希望能看到可以参考的设计方法或可借鉴的素材，哪儿还有空同你谈心？

我记起有一次同早年的美术老师吃饭，说起城市的现状，老人家尖锐地说：在当下中国，能有多少建筑可以理直气壮地保留100年？

如此犀利的问话让我思绪良久。是啊，我们的设计很多做得太快了。

在一些国家，一个城市的规划与建设，通常需要100多年甚至更久才得以成规模，而我们能在几年内把一个偏僻的郊区，变成一个看似配套完备的新城中心，这似乎很振奋人心，又似乎有些可怕。

城市空间的形成，我想应该有一个合理的时间发展过程。我很喜欢“生长”这个词，她富有生命力且饱含情感，用来形容一个空间的形成，是恰如其分的。

可在我看来，我们的城市往往是以一种很野蛮的姿态在生长着，野蛮而迅速，忽略生态、忽略人文、忽略与周边的连接，甚至忽略基本的审美。

我坚信，好的空间都会有自己的故事，有它的来龙去脉，这些都是可以细心地去体会到的。当你接触到一个空间，要对它进行设计，你需要与它对话，了解它的前因后果，去感受它的能量。只有对一个地方有了深层的理解，产生了情感，才有可能做好其设计。我常常同公司的年轻人说，在做方案的时候，可以慢一点，静下来，对项目做一些再深一层的思考，去探究一些很本质的东西。

在这本书里，我想把设计时的一些思考、把当时发生的故事记录下来。它们也许不够精彩，不够千回百转，甚至某些细节还会显得矫情，但至少那是一段时间的经历，而且我固执地认为这是很有意义的事情。

我希望能用这些还不甚成熟的思想，与同样对生活有梦想的人们，一起去探讨、去研究、去对现代设计甚至是现代文化思潮做一番审视与反思，并能给初涉设计的年轻人们些微的分享。我希望，就从这一本小书开始。

还是那句老话，不可以盲目地为设计而设计，不要让设计成为污染。

2012.5.8

Contents

关于本书

书中的案例，是近年所做的一些项目，有些已经投入使用，有些还停留在方案阶段。它们大多都还不够成熟，不过都承载着我某段时期特定的思考。通过它们，我对自己各式各样的构想进行了各种尝试。它们不仅代表了我认知设计的一个历程，更代表了我对社会、文化、情感的一些理解。这次将其集结出版，针对每一个案例的原委、背景、各种的主客观条件来进行一番探讨，对我意义重大，它们让我更清晰地看到了自己的曾经，并启发我更好地去走接下来的路。

山水中的白玉石 碧园印象桂林生活艺术馆

WHITE JADE IN WONDERLAND

这其实是一个销售中心。

项目位于桂林西郊的临桂县，离城区仅6km，基于市中心日渐高涨的房价压力，很多桂林白领选择在这里安家。白天，他们驾着车子去拥堵的市区上班，晚上便回到安静的临桂的家。这是城市快速发展必经的一种生活模式。

舒
Drinks
Books
Friends

因为工作关系，会经常去桂林。我至今仍记得第一次到桂林的情景：那是十多年前，与当时许多初出茅庐的年轻人一样，我消瘦、骄傲、充满抱负，穷。我看到河堤破败的老街，漓江水有些浑浊，象鼻山比课本的画片上小了一号。巷口有卖马肉米粉的老店，门口支着略显可疑的黑灶子，墙角有斑驳的泥渍，店员操着浓重的桂柳腔招徕着客人。

一个淳朴的小城，带些老旧与失望，却有暖暖的温情，这是桂林给我的最初印象。

真正见识到他们所说的桂林山水，那些惊世的美丽，已是后来的事情。我终于有机会走到桂林宁静的城郊，乘船经过下游的漓江，在新雨后看到山尖缭绕的雾云。那些在书中的美丽词句，所谓“甲天下”，才渐渐懂了。

我对桂林有一种莫名的情愫，甜甜的，如同对着一个无法时时见面的情人，她的温柔、灵秀与质朴，都是独特的。全中国可以有很多同样美丽的小城，同样隽秀的风景，但桂林却只有一个。

再后来，浩荡的城建开始了，中山路、河堤，都统统被整了个遍。改革的步伐如此浩大，既快且新，每次经过桂林，似乎都会有些新东西冒出来。有一次我路过江滨路，修葺一新的江堤种上了高过人头的葱荣的灌木，不买门票已无法在路边看到象鼻山的景致了。桂林变得很快，太快了些，让我这样的老脑筋有些接受不了了。

老城的巷子。很多人来到这个世界闻名的旅游城市，看到的是象鼻山、骆驼山、七星岩、芦笛岩、漓江……这些导游册上名目香艳的景点，但其实桂林真正的情意，却在这些有着烟火气的老巷子里，她的温情是“旅游”不到的。

21世纪初的桂林，一座森林覆盖率近70%的小城。通常一个城市里面有一座山、或一条河就已经是很了不得的事情，而美丽的山水在桂林，不过是随处可见的街景。

漓江沿岸。曾与早年的同事徒步漓江，沿岸每一寸都是一张绝好的水墨画。这美丽可以无须任何额外修饰。

多年前曾听桂林的朋友开过这样的玩笑：南宁城是一个暴发户，而桂林，则像一个没落的世族小姐。这话带几分揶揄，却也一语道中了桂林现今的尴尬。

作为抗战时期全国的大后方，桂林曾遭遇了多次毁灭性的空袭，大部分的老城建筑已被炸得面目全非。解放后桂林的城区多是由战后棚户慢慢发展起来，没有多少有代表性的建筑，且经过几十年的风雨，大都已破败不堪。1998年开始，桂林政府为城区做了大手术，在把城市修建得更时髦漂亮的同时，也把老建筑一扫而光，几乎已经没有了老桂林的记忆。如今我走在人潮汹涌的中山路上，倘若不是平均每两分钟便驱上来询问是否要游漓江的形迹可疑的私人船家，这里与全国任何一个粗俗的三线小城市并无区别。

我在想，能否把桂林某些遗失的东西，找回来。这是其一。

还有，是对销售中心的思考。

我们做建筑，比如说做这样一个销售中心，目的是什么？要传达什么？——当然，答案现实得无可争议，是卖楼，是销售。但，达到目的的手段呢？是通过体现其兴旺的商业氛围，还是为受众提供一个可以静下来品读与思考的地方？我相信，建筑绝非只是一个避风躲雨之处这么简单，而销售中心也非仅仅只是一个做生意的场所，它可以是一扇门，一扇你去了解项目与地域文化的门，甚至还有可能从中了解到些生活的本质，成为此生的某个转折点。

最后，对桂林，对这个可以说是属于全世界的桂林，该用一种什么样的形式去表现它的美？或者说，在现代多元文化无情的撞击下，桂林文化的出路在哪里？

本项目有个好名字 ——“印象桂林”。印象是一个恰如其分的好词，好在其自由，天马行空，它可以是抽象的，亦可以是完全具象的。说起桂林，你会想到什么呢？烟雨漓江、云海奇峰、八月桂花、恭城油茶、明前毛尖、百年榕树、三姐对歌、奇丽的岩洞，在万年寂静的岁月中默默生长的钟乳石……如何去整合这些或清晰或模糊的印象？回归到传统的桂北民居吗？如现下桂林城大街小巷的光景，小青瓦、坡屋面、白粉墙，还有木花格窗、青石墙裙……就是这样么？

事实上，对诸如此类的假古董，我已经很厌倦了。我希望，能对我热爱的桂林做一场现代主义的诠释。它的山水、人文、历史，自然的神秘，人对自然的崇敬，对这个城市的记忆，对生活及未来的憧憬。

明清时期开始便沿用至今的桂北民居，多为木结构的“干栏”式建筑，小青瓦、坡屋顶、白粉墙，木楼两端一般有偏房，形成中间高、两端低的立面效果。桂北民居的立面造型通常自由多变且朴素大方，与桂北隽秀的山水形成了很好的呼应。

阳朔县西街，桂林景区最著名的景点之一，从2000年开始，阳朔对西街进行了保护性改造，突出强化了西街明清时期桂北民居建筑风格，“小青瓦、坡屋面、白粉墙、吊阳台、木花格窗、青石墙裙”在成为西街主题景观的同时，也成为阳朔政府有意推进、民间积极效仿的蓝本。

桂林新城市建设中模仿桂北风格的外立面改造。在新城建设上，领导们确实动了很多脑筋，但这种注重形式与符号，不寻求内涵的生搬硬套，最后往往做出来的却是“假古董”罢了。

说起桂林，你会想到什么呢？烟雨漓江、云海奇峰、八月桂花、恭城油茶、明前毛尖、百年榕树、三姐对歌、奇丽的岩洞，在万年寂静的岁月中默默生长的钟乳石……

概念阶段的几个关键词

莲花

“江南可采莲”，东方人的莲花情结往往是带些痴气的，她高洁、秀美，温润，花瓣近乎透明，代表了自然的美好与东方的诗意，而这恰也是桂林山水的气质。

奇石

桂林号称石奇、山险、水美、洞秀，其奇特的喀斯特地貌生成了各式各样的石山、石洞，还有各式各样关于奇石的美好传说。奇丽的玉石，这可算桂林最概括的表达。

女子

在我眼里，桂林的美是女性化的，像温柔的母亲，又似灵性满身的爱人，是一种南方女子特有的优雅。

项目靠近高速路口，远离城区的喧嚣，周边视野开阔，有淡墨的远山，景致很好。在外立面的考虑上，我希望它能与周边的风景结合起来，成为高速路边的美丽风景，山水中的一颗白玉石。

售楼部原为一栋旧楼，为预算考虑，新建筑在原建筑的基础上改造而成，只在外立面上做了一些适度的包装。

上图：原售楼部旧址

下图：曾先后设计的外立面方案，最终的定稿及最终的园林定稿。

上图：最终外立面实景图。我希望它能像一块优美的玉石，融入桂林美丽的山水间。

下图：室外景观。从围墙到廊桥，都是简单到极的。在完美的自然面前，任何繁芜的设计技巧都是苍白的，我所能做的只是极简，再极简。

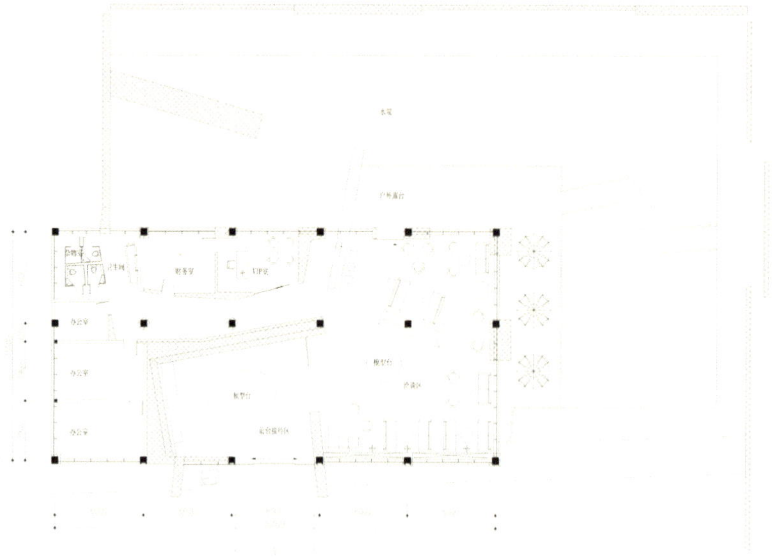

上图：平面布置图。打破常规的非对称布置（整套施工图详见附赠光盘）。

左图：早期的效果图方案，入口部分。

下图：早期的效果图方案，室内部分。纯现代主义的室内风格，非常简洁的线条及家具。最后考虑到销售中心的氛围应以舒适、温暖为主，需要在沉稳度及文化内涵等因素上多作思考而最终被自我推翻了。

最终的效果图方案。其实，入口处最终还是做了调整——开门见“书”并不符合开发者的营销预期。

入口实景。石头与水，水与竹木，这是桂林的韵意所在，也是室内的主材。当然，水只是一个朦胧的意象。为管理考虑，除了建筑周边的水景，室内并没有出现明水。

左图：入口及洽谈区及实景细部
右图：洽谈区实景

沿用材质的本色，温婉的调子，是我所喜欢的自然淳朴和宁静。

曾游世界诸名胜，无一可与桂
千山万壑供追攀。
欣赏桂林风景名胜之尖端。

《游桂林》 陈毅
水作青罗带，山如碧玉簪。
洞穴幽且深，处处呈奇观。
桂林此三绝，足供一生看。
春花娇且媚，夏洪波更宽。
冬雪山如画，秋桂馨而丹。
四时景物殊，气象真万千。
阴晴和雨雾，着色更鲜妍。
大野青不断，入窗秀可餐。
久看欲舍去，舍去又来探。
景最留人，景亦待人勘。
我诗笔弱，难状百二三。
作桂林人，不愿作神仙。
努克亲王为我言，曾游世界诸名胜，无一可与桂林相比肩。
八十六洞齐开放，千崖万壑供追攀。
世界人士齐来游，欣賞桂林风景名胜之尖端。

碧桂园印象桂林

左图：整个空间是再现代不过的，山水、岩洞、奇石，还有我对桂林的爱，都在这里了。
右图：为项目量身定制的落地灯
下图：洗手间实景

生长 GROWTH

宇宙万物间存在着某种内在的秩序，它并不会随着人类的意志去改变，我相信，那也是审美的最初及最根本的规律，像是一种神的指引。

我们生活在一个奇妙的世界里，生命的成长便是这奇妙中的一种。它是递进的、秩序的，简单又复杂。它们依循某种规律生长着，会经过一个过程，也许很漫长，也许很短暂。

在我眼里，空间也是生长的。当人们对一个场地有所需求的时候，那便仿佛有了一颗种子，当这个需求有了人的参与，并按照其需求与空间的特质去构思、去实现的时候，这颗种子便开始萌芽，生长开始了……空间是鲜活的，与人交流的，它生命的特质是创造者们的心灵投射，它和人一样，有气质、有情绪，是一种精神生命的载体。

时空盛宴 山尚厨房时尚餐厅

FEST OF TIME AND SPACE

这是2010年《时尚印象》 杂志对我的采访稿，当时讨论的话题除了这个餐厅的设计，还有很多我对时代、对生活的感悟。在此要特别感谢君子、龙建两位记者朋友。

GREATWALL
GREATWALL

让生活更美好

问：您最喜欢看的一本书？

左加：《道德经》吧，看得头昏，我知道很值得看！

问：您喜欢听什么音乐？

左加：偏古典的，优美的歌剧，钢琴等都喜欢。

问：您最喜欢的食物？

左加：喜欢清淡的、原汁原味的，也能吃辣。

问：工作时间已经占据了您大部分的时间，休息时会做些什么事情？

左加：开车、听音乐、看书、旅游。

问：室内设计师这份工作，在您生命中是什么样的一个位置？

左加：不干它，不知道自己还能干啥。

问：时代的变迁当中，您跟别的设计师不同的那个特质到底在哪里？

左加：我不知道别人，我比较算是完美和理想主义者，我知道努力让自己淡定些，务实些。

问：谁是你最喜欢的设计师？

左加：贝聿铭。

问：您的职业理想？

左加：努力做我应该做的事情，努力学习，努力帮更多的人生活得更美好！

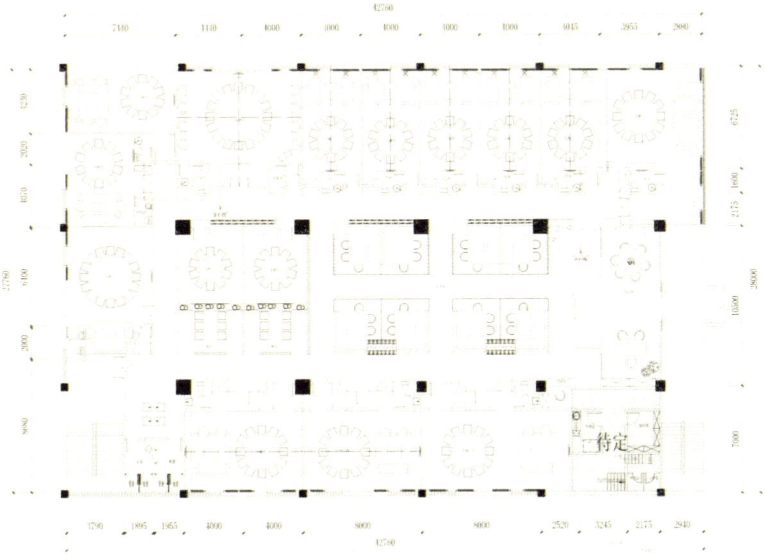

平面布置。整个餐厅以私密为主调，大部分为包厢（整套施工图详见附赠光盘）。

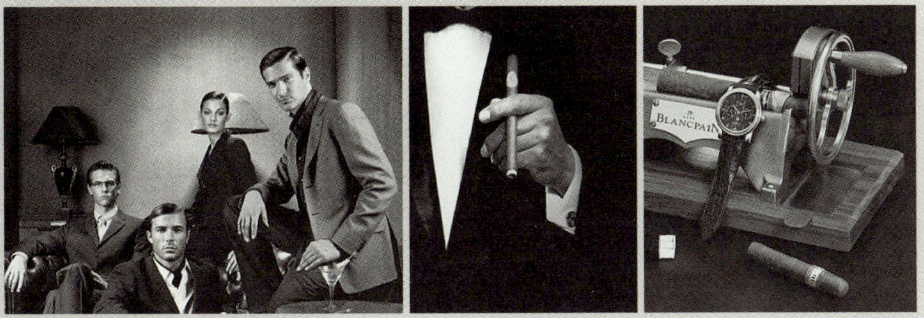

概念意象图片：沉稳、内敛又不失风度的绅士。

项目位于城中最大的绿地公园边，周边是高级社区，定位高端。我在想，现代高级餐厅所能提供给客人的，除了好吃而精致的膳食、贴心周到的服务、优雅舒适的就餐环境，恐怕还应包括私密的专属空间，及餐厅自身品味与个性的传达吧。

锈铁、粗木、红砖放在一起很协调，又有对比，所以有些情趣。餐馆不一定就要豪华，奢华也不是华丽，豪华、华丽也不一定就有贵气，贵气需要内涵。

我对建筑材质总有着很深的执念，每一个不同的材质都仿佛有着不同的表情，不同的能量。这是我在日本考察时所拍摄的照片。日本人对木质、石材等天然材质的尊重，是我所汗颜的。他们几乎是在以一种近乎虔诚的、平等的、对话的方式在使用着这些材质。

B

让设计更多元

问：在您的作品中，比较的手法处处可见，您活用了中国传统的风水元素来很好地和现代的元素结合起来，是什么东西让您产生这样的创作灵感？

左加：对比在设计当中总是有意无意的存在着，动和静、明与暗等。风水是一个动静、流线的空间概念，是一个环境心理学的概念，和现代设计没有丝毫矛盾。

问：您的作品还有一个比较明显的特征，那就是呼应或者说照应，比如发光的屏风墙和大厅后面的发光墙之间的相互呼应，反映的是中国传统中的"和"的概念吗？您可以谈谈吗？

左加：其实是一种心态的自然流露，空间中的每一个元素，不争、不贪，有主、有次就和谐了。

问：在您设计的这个空间里使人感觉沉稳，从设计或美学角度来看，来看，是哪些元素或者说是哪些构造使得我们产生这样的感受呢？

左加：空间的对称感、均衡感，厚重的材质，不跳跃的色彩、有主次的灯光。就这样。

问：业主曾经质疑过您选用的"低级的材料"吗？

左加：这个业主很有品味，我跟他分析，他很理解，我完全是从他的经营理念来定位设计的，难得的好甲方。

问：詹克斯给后现代主义下的定义是："一层是对其他建筑以及一小批对特定建筑艺术语言很关心的人；另一层是对广大的公众、当地居民，他们对舒适的传统房屋形式以及某种生活方式问题很有兴趣。也就是说不仅从专业角度而且从大众的角度都能得到理解和接受的'折衷性'、通俗性及多元性。"您如何看待他的观点？什么是您的设计风格？

左加：哈哈，这就是和吧，共和！我认为设计对使用者的尊重和人性关怀，对文化的深度思考，能经受时间的考验，比表面的光鲜和个性重要多

了！其实我做过各种各样的所谓风格，也不过是某种程度上的复制而已，但自己的性格和习惯多多少少会渗透其中，当你慢慢地渗透得越来越多了，就会逐渐形成更多的个人印记，作品越来越像你，你的风格就形成了，但这不是这个式、那个式的说法了。也可以这么说，表面的风格取决于项目的定位需要，个人心态、性格渗透于各种风格之中，能让观者感受到，这就是形成了“个人风格”。

材质及家具配置简析

麻料

我一直很喜欢麻料，天然、温和、质感鲜明，相比于其他闪亮的材质，它更有一种独特的气质。

木皮

相比于那些看起来没有缺点的烤漆，我更中意木皮本身的哑光效果。树皮表面粗糙的纹理看似暴露了不完美，其实正是更好地表现了它的内心。

餐椅

皮质与木质及麻料的搭配，增加了强烈的现代主义意味，同时又显得高贵大方。细节上的精致对空间氛围的渲染是非常重要的。

餐桌

木质的纹理就是最天然的桌布，可以说是最奢侈。奢侈与材料华贵与否没有关系，这要求什么样的空间氛围。在这里我追求的是自然质朴的美感，而不是华丽。

墨画

气质浓郁的水墨画是最鲜明的东方符号，其
、包容、内敛的个性让东方美带有一种低调
秘，而精神上的自由超脱，又让这种美有了
别样的自然情趣。

让空间更气质

问： 建筑设计和室内设计曾经是完全分隔开的两个阶段，但现在开始有越来越多的人开始考虑建筑和室内的配合，您的作品“山尚厨房”是建筑和室内相配合的吗？

左加： 建筑和室内是无法分开的，只不过需要分工配合。

问： 您如何看待室内设计中的传统文化精神的表达？

左加： 传统文化精神，我认为是体现对自然、对生命的理解，这些理解反映在建筑的空间形式和与自然环境的相互关系上，是空间的气质、感受，而不是某些符号的装饰性拼贴，我喜欢追求直接的感受，不喜欢太多的象征或隐喻！

问： 站在建筑学的角度，您如何理解室内空间？

左加： 建筑的主要目的就是制造一个供使用的室内空间！

问： 在您“山尚厨房”这个作品中，现代主义色彩浓厚。您是用什么样的方法来表现某种思想或主题？您是怎样利用光来展现它的色彩的？

左加： 现代主义是我们无法回避的，因为是这样一个时代，是由人力成本、工业化的生产工艺、生活节奏对高效率的追求等因素所决定的。

思想和主题实际上是一种印象，对古典精神的怀念，通过抽离出古典风格里的某些因素来应用于现代设计中，如空间、气质、质感、光效、形体韵律等。光和色是分不开的，合理的用光会让色彩更为丰富。

问： 您的作品“山尚厨房”的一切色彩都是通过光来体现的。您是怎么看待和对待材料的质感？如何在装修中体现这个质感？

左加： 其实对光的控制我还是经营不足的，我还在努力，这里面学问太深了。材料的质感就是一种性格、一种情感，也像音乐里面不同乐器的音质，不同的材质组合会给人以不同的情绪感受。

问： 您所用材料都是原生态的，质感粗糙，可是给人的感觉却不亚于用华贵的墙纸所达到的效果。您是怎么实现这样一种装修效果的？

左加： 空间效果好不好基本上与材料华贵与否是没有关系的，这要看追求什么样的空间氛围，山尚厨房要的是自然、质朴的，让人亲近发现自然本质美感，而不是华丽，但它通过空间的高尺度和对称感来体现一种贵族的气质。

问： 进门就看见的三面墙用的是红砖，当时您是怎么想到要用红砖来做这三面墙呢？

左加： 山尚厨房所用材质系统的原则是：全用自然的，就是东方文化五行学说的金木水火土。红砖是土与火的产物，是最朴素的建筑材料，运用不同的构造方式就会有一些趣味。

问： 生铁条也是您用得比较多的材料，您是如何用这些自然的材料搭建出作品的内涵的？

左加： 锈铁、粗木、砖放在一起很协调，又有对比，所以有些情趣，餐馆不一定就要豪华，奢华也不是华丽，豪华、华丽也不一定就有贵气，贵气需要内涵。

问： 保留木头、方砖、锈铁的粗糙表面，特意为了保持质感吗？

左加： 砌墙的砖也不一定就是土烧的，木头也可以的，我需要的是用某种材料砌一幅墙起来，金木水火土都可以砌的嘛，冰就可以造房子。

包厢实景。皮质、金属等现代主义意味浓郁的材质和悠扬的中式格调的混搭。

包厢实景

左型左设

撰文/君子 龙建

初见左加的作品，就被它的样子所迷惑，一个彻底通过设计赋予了艺术气质的空间——大量裸露在外的方砖、铁枝、木块，光色与线条交错，东西方文化的奇妙交融，将空间各层次线与面的交错关系在简与繁之间冲击着视觉，洗练的手法贯穿整个作品。灯影绰绰，年轮刻画着时间的流转，让人真实地嗅着东方文化的气息，却又恍若赴着一场西方绅士的盛宴。

气韵

屏风，青花瓷，仕女图，巨幅的书法，琳琅的书籍，高大的对推门与推拉门，日式茶几，雕着“山尚”的瓮和方砖，包房的名字：金、木、水、火、土、儒家、福寿、香痕……东方的符号穿插于餐吧设计的里里外外，即有传承，又有创新。和谐、包容、内敛的个性让东方美带有一种低调的神秘，而精神上的自由超脱，又让东方美有了一种别样的自然情趣。

意蕴

1.飘着木香的木块、锈迹斑斑的铁枝、未加修饰的方砖和墙面呈现出质朴的美感，传递着自然、简单、健康的东方养生文化；搭配外观高贵大方的真皮沙发，没有过度的华丽与刻板，用细节上的精致来渲染空间的氛围，体现的是顾客尊贵的身份；厚重大气的包房门，未曾推开就仿佛看见了上下五千年的博大精深。

2.爵士包房里藏列的各式各样的烟斗，让人想起著名作家马克·吐温曾经的信誓旦旦：“如果天堂里没有烟斗，我宁愿选择地狱”，也透露了设计师不甘心只做具有浓郁东方书香气息的谦谦君子，他还崇尚彬彬有礼、待人谦和、衣冠得体、尊重女性、谈吐高雅、人际关系良好的西方绅士。

视觉

1.穿行于长廊过道，出入于包房与大厅，动与静、近与远、东与西、高与低、糙与精、黑与白、明与暗、重复与突破、轻快和严谨、均衡与平稳、质感与张力、古典与现代的完美结合，点与线带着韵律的调节，使整个空间跳跃出和谐与舒适、含蓄与大气、神秘与高贵，一切都显得细致生动而意味深远。

2.从结构到立面，从功能到形式，重复试图利用一种无障碍的手法消除一切不实用、不必要的装饰，突出格调与舒适，遵循现代简约和实用主义原则，以艺术的形式阐述不断追溯着生命的本源与品质。

手法

设计是无国界的，设计是满载着历史、文化和底蕴的潮流意识。现代主义在环境艺术的表现上强调自我的个性展示，不受形式的束缚，不拘谨于时代的脉搏里，只要喜欢，什么都是可能的。左加在这个作品里用非光鲜亮丽的材质传递出一份贵气，一种风骨，让人时刻感受着生活在一个充满旺盛生命力和创造力的乐观年代。

传统的现代突围

红陶大师艺术酒店

A BREAKTHROUGH IN THE MODERN AGE OF NATION

我们总不免要谈到民族，谈到传统，像一种无法回避的宿命。它们将永远存在我们的血液里，在我们的记忆中，在我们的整个生命。

2003年一个飘着雨的四月，因为设计用到的几个大陶缸，由艺术学院几位学生的指引，我来到古榕山庄，从此认识了卢老师。

在此之前，我去钦州，曾多次路过这一个通往南晓镇的路口，都没有注意到路旁看似普通的饭馆的地下，有这么一个奇特的院子，也不曾在广西的艺术圈里听过这样一个陶土狂人的掌故。事实上，甚至连很多南晓镇的老居民都不晓得，在这三岔路口普通的民居里，有这样的一个人与陶的存在。经过数次的交集，我们成了忘年交。

那时，广西红陶还没有现在的名气，卢老师也正经历着人生与事业的低谷，穷困、拮据、众叛亲离。那些在国外办画展赚来的在当时可算天文数字的钱，已在这十多年的固执坚持中，挥霍一空。我常不禁会想，是什么样的信念，能让一个正值壮年的男人，远离人群，远离繁华，在16年静寂的岁月，忍受失败与孤独，只余热烈的火焰和冰冷的陶土。如此烧尽家财，耗掉整个宝贵的青春与壮年，而不知悔改。

现在的古榕山庄，时而会需要招待些访客。那或是在进行红土文化教育的事业单位、政府高官，或是慕名来学习陶艺的学生，或采访的记者们，或者只是单纯想在园中摘几颗熟荔枝的孩童。观者们常流连于大厅中巨大的陶艺作品，而我却独钟情院子里堆在树下草丛中那些烧坏的废陶。天然的红色陶器，放在这自然的环境中，是那样和谐美好。似乎它本来就在那里，尘归尘，土归土。

我总想着，这些作品，应该能有一个更好的地方，去展示，去诉说，去被世人了解。

左图：山庄里烧废的陶件不计其数，大多因为体量太大无法运走，就堆在了院中的树下或是草丛里。从某种意义上说，它们是失败的作品，但从另一个角度看，却是这世上独一无二的杰作。

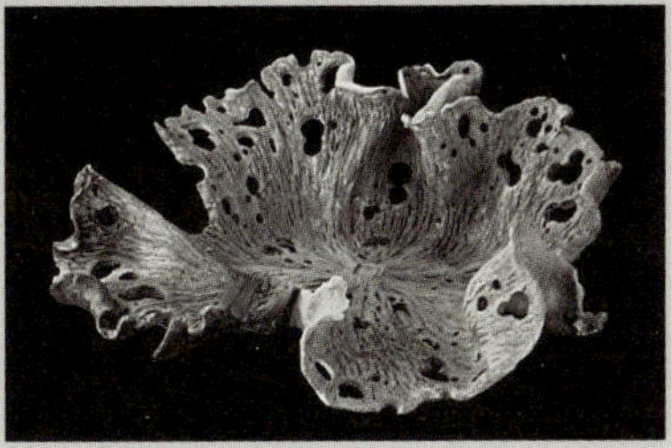

卢老师其人其陶

陶艺家卢权智，字致旭，民族工艺美术大师，1957年9月生于广西南宁市，壮族。曾师从中国著名画家、雕塑家朱培均老先生学艺，擅长中国山水和花鸟画，1984年至1988年间应德国尼恩堡市政府的邀请，先后两次在德国举办个人画展，引起当时国际上的轰动。在此期间，考察欧洲各大美术馆并到德国汉堡市学习西方艺术史，后研习西方现代陶艺。1989年回国后，在南宁郊外建立自己的艺术创作基地“古榕山庄”，潜心于红陶特别是大型陶艺的烧制与创作，其超大型陶艺作品《百福》获世界基尼斯大全《世界最大陶艺作品证书》，现收藏于北京奥运会组委会。另有数十件作品被德国、法国、英国、美国、日本、新加坡、澳大利亚等几十个国家和地区的组织机构及个人收藏。

卢老师的作品，我个人最喜欢的是残荷系列，其生动、生机、趣味，很有意思。相较于那些被很多人追捧的大块头或者有政治意味的主流作品，它们更深得我心。那是他在最艰难的一段时期的创作。

我一直想，艺术家无疑是应该过上好生活的，可那些艰苦的岁月对他们的影响或者说是启发，却是任何历练都无可替代的。

这是一个以美术馆为载体的综合性酒店，其中囊括住宿、餐饮、展览、工作室、学习等各区域。但，具体以什么样的建筑形式来展示这些精美的陶艺？在此问题上颇费了几番周折。

中国人，特别是中国的文化人，潜意识里总会有一种传统情怀，卢老师即为其中之一。他很喜欢苏州园林式的传统院落；粉墙黛瓦、曲径通幽，有兰坡绿丛。

对一味的去临摹传统，我多少有些不以为然。在我看来，一个时代就应该有属于这个时代的东西。因为人们的生活节奏、审美心态、材料技术、还有所处场所等等都已今非昔比。一味地模仿传统，刻意地去堆砌符号，那只能是一个假古董罢了。先人对空间的理解和组织，才是传统中与自然共生的精髓所在，才是我们最需要学习的。

上图：中国美术学院象山校区，以现代建筑的形式表现的古典院落式格局，用传统的有记忆的材质来表达对历史的印象，也曾是我们学习的方向。

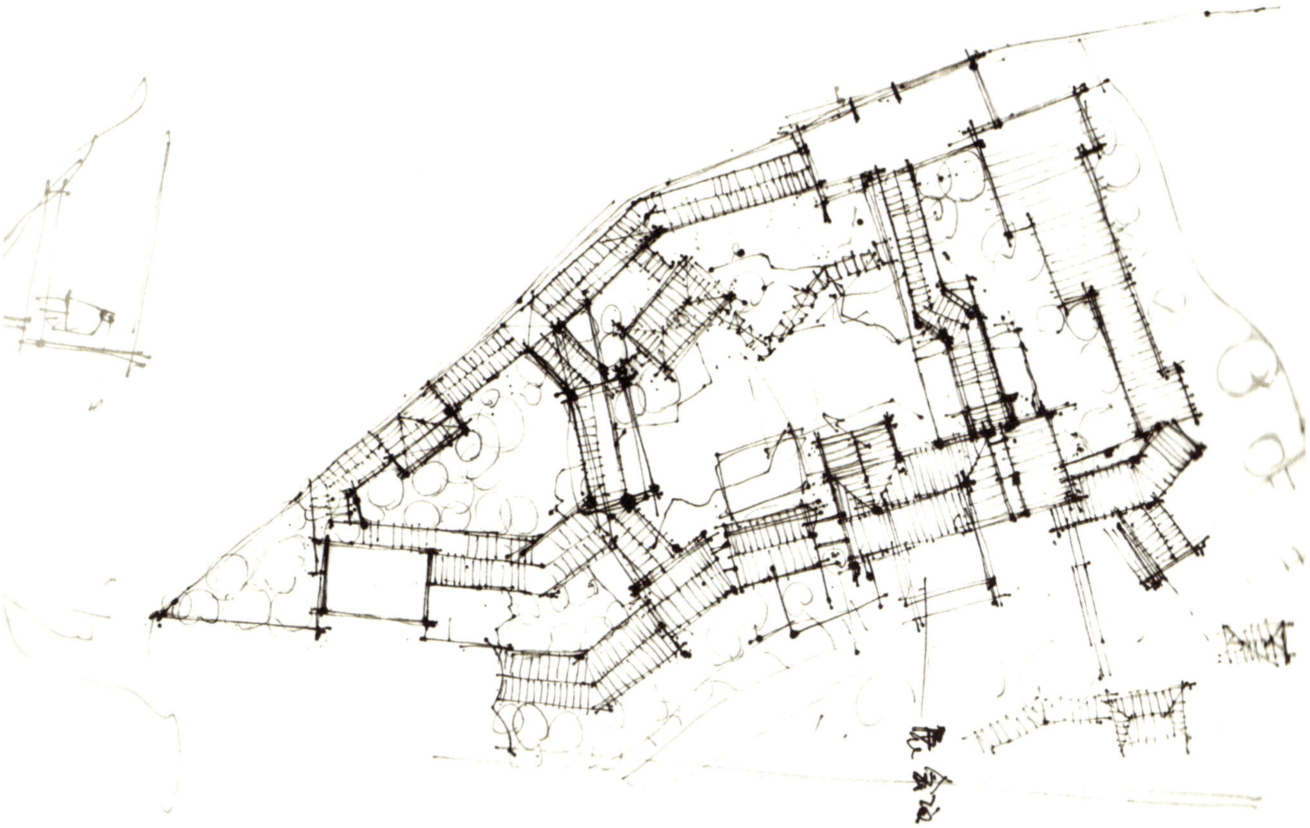

上图：最初的院落式建筑草图，粉墙黛瓦的古典式方案。
下图：中国传统院落。东方建筑特有的典雅气质及其细节，有着其他形式所难替代的美丽。

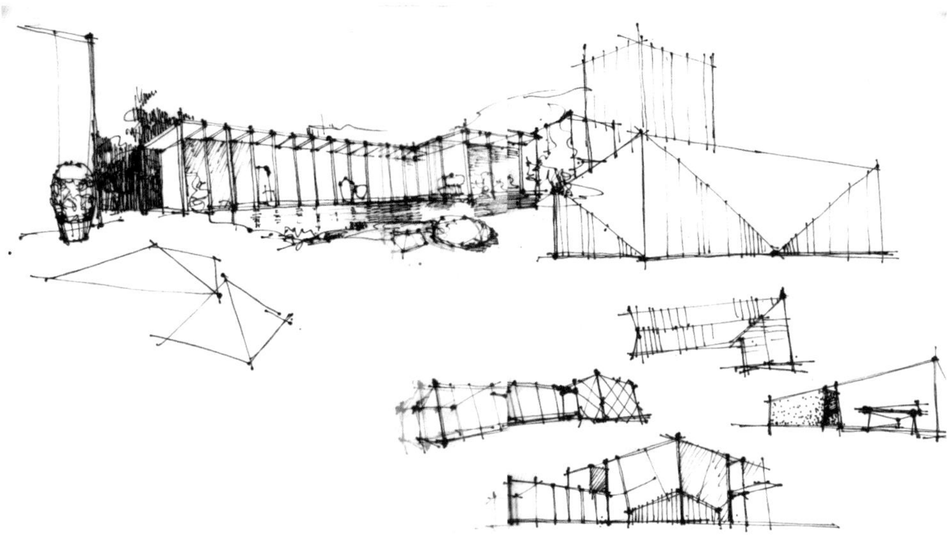

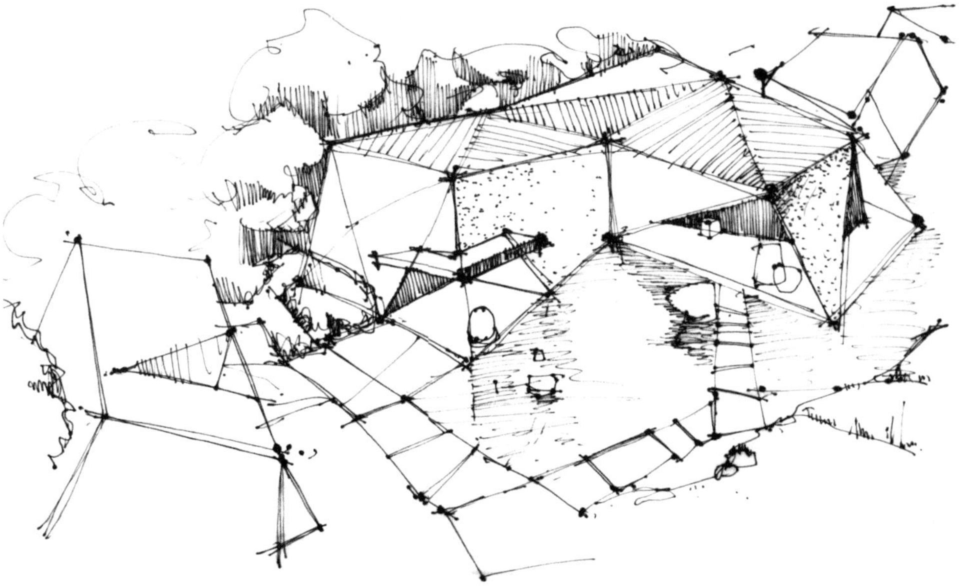

设计意向草图——纯现代表现的几何建筑形式也是我们考虑的方向之一。但我总隐约觉得有些不妥，这些过于硬朗的直线条与周围的丘陵地貌似乎总格格不入。它们既不刚也不柔而是一种说不出来的“碎”，缺乏一种与周遭相谐调的坚韧的张力。

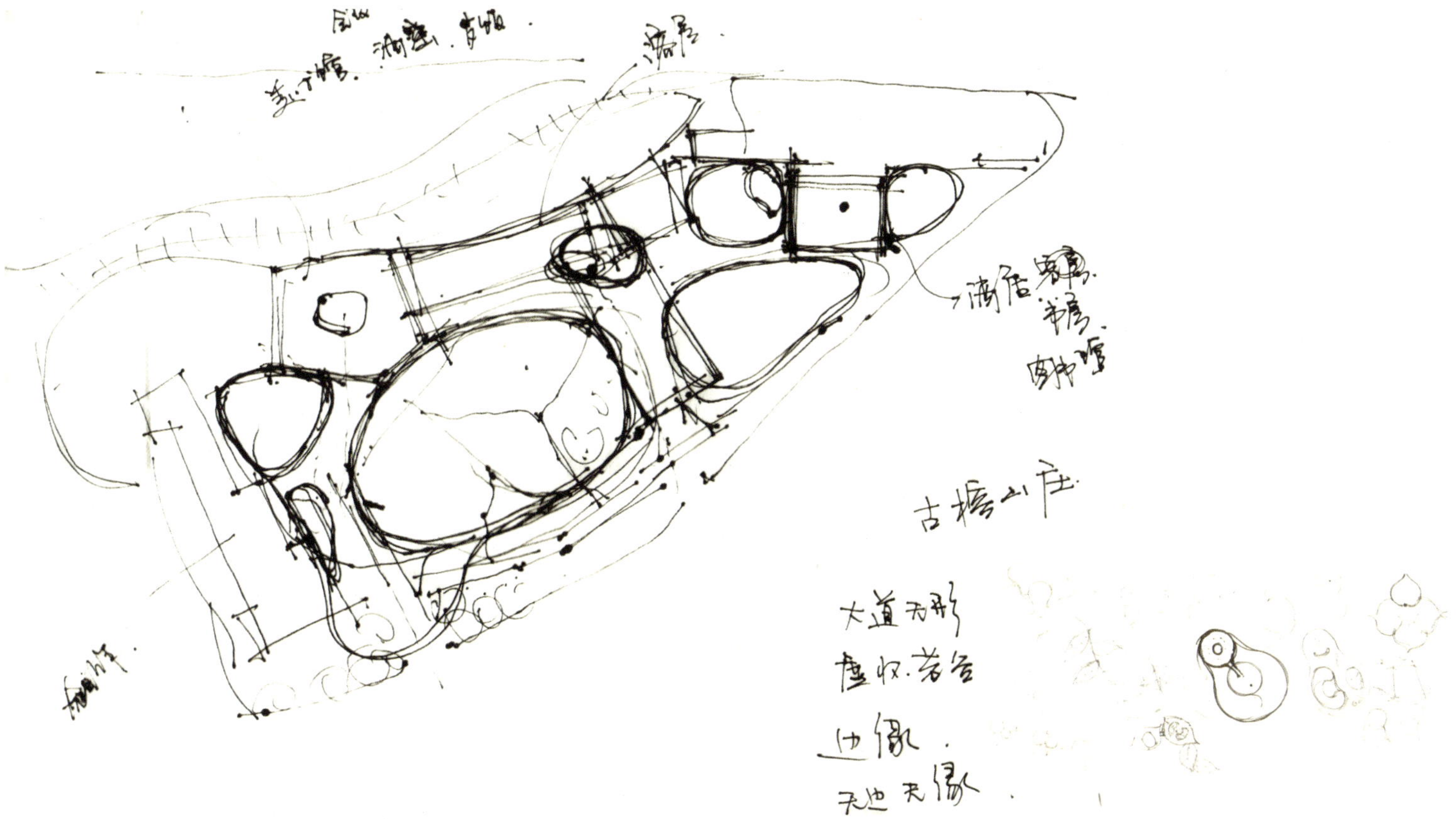

正是我喜欢的残荷系列作品给我们开启另外一条思路：就着低洼的原始地形，给整个山庄盖上一片荷叶形的盖子，叶子上看似随意地开了一些孔， 或圆或椭或不规则，就像秋后的荷叶上的孔洞。而每个孔洞即对应下方建筑的一个院落或天井。被叶子覆盖的部分用曲线的墙体分隔出室内和半室内的廊等虚实空间。

就像一根被弯曲的竹子，隐含着某种反弹的动态，在这个收聚的低凹建筑下开始有了一种向外扩展的张力。这种刚柔相济的力量，以一种低调的形式与自然相融合，让整个建筑与周围的丘陵山脉相呼应起来，得到了一种很微妙的平衡，同时也喻示着红陶将从这里迸发出某种惊世的能量。

上图：我试图以仿生学的方法从自然的形态中去寻求灵感，如叶子、瓜果、果核等，然后以这些现代意味浓厚的曲线，来作为整个建筑的主线条。

左图：最终鸟瞰效果图
右图：院落效果图

不需太多的细节表现，人的热烈与沉静，骄傲与谦逊，就都已包含在了这陶土的静静的红色之中了。

热烈的土红色的院子，却有着我想表达的神圣与宁静。

卫生间、卧室效果。温暖的色调及陶土肌理的墙面，仿佛是在大地母亲的心脏，过一个稳妥无梦的夜晚，也很好。

传统与现代 TRADITION AND MODERNITY

绝对的传统或者绝对的现代，都是片面的，因为一个具备生命力的作品本身就是连接传统、现代和未来的。时装界时不时会来一次复古的流行，交响乐的传统曲目，如今依然是演奏家们推崇的经典，我们追溯一个城市的文化，到最后总是会追溯到那些老街，那些老建筑，他们和现代建筑共同构成了完整的城市生命体。

面对传统与现代，我们要具备包容性的眼光和表现包容性的方法，这很重要。马友友一把大提琴就横跨东亚到欧洲，将印度、西藏、波斯以及希腊等各种看上去相隔遥远的传统音乐糅合成当代的音乐丝绸之路；贝聿铭先生在卢浮宫的"金字塔"让传统和现代如此有机地共生着；而建筑师王澍把老建筑拆下来的砖块瓦片重新用于现代建筑的表皮，从而得到了地域性的历史记忆……这些都是我所叹服的。

月光下的誓言 月光誓言文化项目

THE OATH UNDER THE MOON

2004年的一天，收到德中建筑协会的邮件，在德国举办一个名为“中国当代建筑艺术”的展览，邀请我们寄作品参加。这可说是个意外，虽然当时公司已成立了几年，且陆续得过几个设计奖项，但与国内外的大师们相并提，仍多少显得有些局促。我们考虑再三，决定拿出正在策划中的这个作品参展。

这是一个在我心里打过无数腹稿的项目，它的起意，可追溯到许多年前，在我还是一个边用图板给人画效果图边在工地上做帮工的小厮的时候。那是一个加班后的夜里，我蹬着28式的老自行车来到青山顶，记得当时正是华灯初上的浅夜，一低头恰好能看到山下的灯火。那时候的南宁还是一个淳朴的城市，还没有现在这么多的霓虹灯，整座城市安静而温柔，能看见天上满目的星星。很难形容当时的感觉，那些在星空下的灯光，每一束都是一户人家的窗口，在安静地诉说着属于这一家人的故事，世上人家的喜怒哀乐仿佛就都在那微弱的光里了。天地很安静，我能清楚地听到四周的虫鸣，一切都如此庸常，却又是这样的美好，天地与人间就共生在这样美好的秩序下，我似乎懂得了什么是慈悲与温情。

当时，也正是我人生路的第一个驿口，城市角落里最不起眼的那一扇窗下，也开始有这么一个人，每夜会亮着灯等我回家。除去忙到焦头烂额的各种结婚证明文件，我的婚姻可算简单甚至简陋。同当时许多贫贱而年轻的小夫妻一样，我们没有多余的钱，没有婚礼，没有拍婚纱照，没有置办大件的家具，甚至没有家人过多的祝福。妻子收拾了简单的行李，坐在我的车后座上，来到我城东窄小的出租屋，柴米油盐，如此十五年。

我们都不是对物欲特别有要求的人，但在现在，每忆起当初的狼狈，也会想着，若能有个婚礼，会更好。

婚礼，婚纱，戒指，还有誓言……这些对新人都意味着什么呢？自八十年代国门开放以来，我们通过各种媒介接触到越来越多的舶来品，许多西式的价值观及风俗开始渗透到我们的生活：婚纱影楼的生产大多粗制滥造不知所云，但生意还是一片火爆；钻戒是一段婚姻的敲门砖，甚至很可能还会成为某种衡量爱情的标尺；更不说电影中那些在教堂里举行的唯美浪漫的婚礼，它恐怕已成为每个年轻人特别是年轻女孩的一个梦。我相信，人对浪漫的执着是内心的一种天性，这种天性让她/他在做如此重大的人生抉择时，需要一个崇高的仪式，一个庄严却浪漫的见证，来记下这值得铭记一生的一刻。

2003年10月，新的《婚姻登记条例》开始实行，年轻人结婚已不再需要单位或街道出据繁琐的证明。婚姻已还原成一件很个人的事，恋人们只需要带上有效的身份证明，拍张简单的合影，做一番宣誓，便能成为合法的夫妻。

我就在想，如果能有这么一个地方，专为年轻人而设的宣誓场所，如西方教堂般的圣洁美丽，给这些相爱的人们留下一个最美好的回忆，那该是有多好。

有一个词叫万家灯火，说的是一个城市夜晚的景象，亦指的是我们喜怒哀乐的生活。可是现在，一说到一个城市的夜景，说到“万家灯火”，就是这样的照片。甚至如果不做注解，你都很难看得出这是哪一个城市。而正因为这些现代都市过于绚烂的霓虹，星星已消失在我们的夜空中。

外立面最终效果图

概念阶段的几个关键词

明月

东方人对自然万象自古就有着含蓄而特有的情怀，而月亮又因它的圆满和柔美成为我们对情感追求最常用的表达与象征，从而也诞生了如“月老树下红线牵”、“嫦娥奔月”、“貂蝉拜月”等一系列美丽动人的传说。在月下，人们物我相融的情感共鸣是最自然的，我希望能用它渲染出东方意味的圣洁与美满。

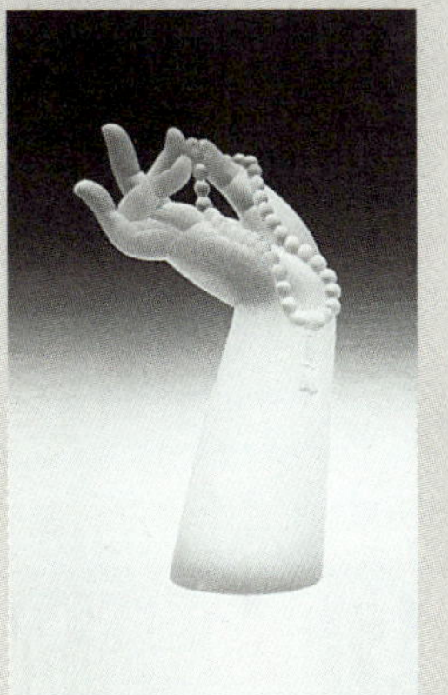

琉璃

琉璃是东方人精致、细腻、含蓄的最具象体现，与流水、明月、东方女子的情感不谋而合。佛教认为琉璃是千年修行的境界化身，在所有经典中，都将“形神如琉璃”视为是佛家修养的最高境界。

女子

每一个美好的传说都会有一个美丽的女子，她或是一个温柔的母亲，或是一个娴静的爱人，或者只是一个善良的寻常女子。她们是菩萨座下的莲花、是树下的蕙兰、是当头的明月、是最现实的美好。

对西方的教堂我一直都有浓厚的兴趣，我欣赏它们宏伟的建筑体量、崇高的纵向气质、精雕细凿的细部造型，还有对来自天堂的自然光的引入和规划。那是一种宁静、肃穆的氛围，传达着上帝的召唤。西方人的信仰，是一种愉悦且崇高的感情，它深入并引导着每一个人的生活。

中国是个泛神崇拜的社会，大部分人没有明确的宗教信仰，或者说，东方人的信仰没有一个完整而严格的系统。在现代，人们的婚姻自由意识已愈强烈，父母之命媒妁之言已不再具有权威性和约束力。而在巨大的经济压力下，年轻人对爱情的审美取向与执着似乎开始有了某些变化，这种对情感与责任的权威约束力的缺失导致了社会离婚率的居高不下。在中国传统的所谓的信仰中，佛教的寺庙有为逝者超度亡灵的传统，却没有为年轻人证婚的说法，更不用说洒脱无为的道家了。同时，我们还信仰上苍与天地，但严格来说，上苍并没有对人的行为与思想具有明显的约束性。有什么样的办法可以重塑这种权威的约束力和向往力呢？这个世界是否存在超世俗的力量，那又是什么？神？自然？还是我们自身的智慧？

我就是在这样的思考中，筹备这个项目，并考虑它的建筑形式的。我期望做一个没有宗教的“教堂”。或者说，我们心中对美好的向往就是我们所信仰的宗教。所以我想这个建筑重要的不是其实体本身，甚至人们可以忘掉这个建筑。通过适当的动线、得体的空间、抒情寄怀的景或物以引导合适的视角，拨动人们内心对自然的依恋，体现一种东方意味的圣洁、美满与浪漫。

礼堂过道最终效果图。过道上摆放了简洁的石头长凳，可以给与会的亲友们一个休憩的地方。尽头便通向山下这个城市的灯火。

关于辅助景观

项目的选址，我的理想是一块较为空旷的高地，可以望见当头的明月，也可以俯瞰城市的灯火。在南宁，似乎是无可争议的青山了。可以建在面向城市的山腰，新人们从另一侧步行上山，经过“诗”、“书”、“礼”、“乐”四个主题景观，最后到达礼堂。这大概会有些辛苦，但不妨看作是一次小小的旅行，应该很有意义。

“诗”、“书”、“礼”、“乐”这四个主题景观节点，功能上是供临时休息的亭子。我尝试着用最简单的方盒子为基础造型，通过线形组合与材质的变化，来表达它们。

诗

在古语中，诗是《诗经》的代指。我读的书并不多，关于诗经的了解，也仅限于流传最广的那几篇。除了单纯歌颂祖先功德或酬神的乐歌以外，其中更多的是下层人民生活中的俚语歌谣，还有对男欢女爱的描述，比如脍炙人口的“关关雎鸠，在河之洲”。

倘若要给诗以一个具象的比喻，我认为那就是水。水是生命最初的形态，它空灵、美好、简单清净却又可意蕴无穷，与我们对诗的向往，是一致的。

我想用玻璃做成一个空间的围合，地下的水汽模糊了形体与环境的边界。顶面有水波微微荡漾，并沿着玻璃壁流下成为水幕。阳光可以透过水流和玻璃在亭内形成朦胧诗意的光影，会有一种梦幻一般的效果吧。

书

书的原意，是指《尚书》，是最早记载史志的文字。而文字，是人类文化最惊世的发明。一个民族如果开始懂得去探寻其历史并用文字记载下来，无疑是文明的开始。

最古老的书册，是从竹简开始的，所以我以书简的形态，来表现它。把方盒的材质换成竹子，翻转45°角，在竹子上刻一些经典的话语，祝福来访的人们。

从竹木，到纸张，到电子媒体，未来的精神食粮会越来越快捷轻便，但我们仍要到这些厚重的竹简故堆里，去探寻我们遥远而神秘的身世。

礼

儒家重礼，《周礼》、《仪礼》、《礼记》，从天地、神明、宗庙到人与人，都离不开这个“礼”字。祭祀之礼，让我们懂得了敬畏天地神明，哪怕有所祈愿，也是家人平安，自身清好的善良愿求，意诚而不作哀恳；君臣父子之礼，让我们懂得了人伦与修身，博得了世上自有规矩，不可僭越；而善良人之间的相待，又是从容而自由，彼此有尊重，是另一种洒然之礼。在我所理解的礼，是一种平等，一种对视，关爱，与温情。

两个黑色面的石材的盒子，形式上更对称与稳重，亭子中放置了大中小不一的三个凳子，以供人休憩。光洁的石材表面同时有镜面反射的功能，你看着它，同时也看到周围的环境，如此你中有我，我中有你，来暗示包容和谐，万物一体的天地之礼。

乐

虽然一部《乐经》已经消亡于秦火，但我们对音乐的直觉却是一种与生俱来的天赋，就如我们对快乐的追求一样。

我相信，音乐是起源于欢乐的，丰收了，下雨了，在手舞足蹈间，最早的音乐就这样产生了。在这里，我把它理解为安居乐业。所以我做了三个盒子，两个是实的，一个虚的，实的是屋子，虚的是院子。屋子——院子——屋子，通过这样的穿插，希望人们能感受到其中最质朴的安居乐业的概念。

ARCHITECTURE 建筑

建筑总是离不开所处的环境，可能是一方山水，也可能是一条街道，一座城市。一个丰富有活力的城市，其文化往往总是根源于那些保留下来的历史建筑，后来者并没有去复制这些历史建筑，也不会完全的抛离历史，总是在连接历史建筑文脉的基础上结合当代审美特征而建设出来的，一代代的不断延伸，城市也随之扩大。无论是传统的还是现代的建筑，都是独立的生命体，但又能有机融合进自然环境或城市体里。城市里的人的生活方式也随之不断演变，但总是保留着可以追溯的当地生活文化根源，所谓的一方水土一方人，是有逻辑可循的。

如此建立起来的建筑，就是这里出生这里生长的主人，即使岁月变迁，即使城市发展，也永远无法改变其与生俱来的身份。虽然现实的城市和自然环境很难做到如此理想，但是作为设计师，我们有义务去坚持。

山外山 山外山销售中心

MOUNTAINS BEYOND MOUNTAINS

翻新一个旧的房地产项目，需要做多少工作呢？

山外山

项目原名丽水湾，在仙葫大道边上，我们介入时，已经在着手第三期的开发。项目一期在南宁房地产泡沫刚刚开始的时候便已规划建设，是南宁最早期的独栋连拼别墅楼盘之一。那时仙葫片区仍属于南宁较偏僻的城郊。而近年，随着房地产经济的不断膨胀，城市的建设不知不觉已经到了门边。

这也是南宁城自然资源最佳的区段之一：没有过多的城市污染，静静的邕江就这样从小区门前的大道对面流过，河侧的山算不得高，却翠翠的，很舒服。你知道，一条河对一座城市的意义——那仿佛是有了跳动的心脉，有了呼吸的口鼻。

2009年的夏天，碧园公司接手丽水湾三期及后续工作并负责整体开发，对整个项目做了全面的规划整理，并对前两期的公共部分做一次修整。计划以一个全新的形象重新面世。作为多年的合作公司，我们也参与了其中前期规划的部分工作。如此，建筑、园林、销售、策划……几波团队便开始了对项目新形象新定位的思考。

首先是建筑风格。基于销售方面的考虑，策划公司主张延续一期的建筑，在其基础上做更为纯正的欧式贵族风格，而开发商也较倾向于这个提案。毕竟所谓的欧式风格在国内市场仍是热销，卖得起价钱。国人总还有着这样普遍的心理：一切物事但凡沾了一个“洋”字，便是与贵族粘了关系，镀了金边，便有了价钱——这就是我们所要面对的市场，很无奈，却也很真实。

我的主张是做现代建筑。为什么不呢？现代建筑的包容性是任何形式的建筑所无法企及的。倘若开发商执意于西式，那么，做一个有西方传统气质的现代建筑，也未尝不可。

其次是案名。山外山的提案是做整合推广的广告公司所提的，我初时并不喜欢，且下意识地还有些微的抗拒——是的，一个带着欧式表皮的楼盘，而山外之山，却明显有着一种中国古典的情结在里面。这似乎有点乱套了，甚至让我生了这样一种错觉，以为我们不是在谈论着一个房地产项目，而在吃着一锅热气腾腾的东北乱炖。但转念一想，却又释然了：东方的传统精神，不正是我所喜爱的吗？在如此优美的自然资源下，山外之山，如此浓重的文化情结，如此自然，超脱且高远的境界，不正是它最为契合的名字吗？

既然，我理想中的现代建筑能包容西方传统，为什么就不能一并把东方传统也包含进去呢？无国界，不正是现代主义最好的表达么？

碧园
山外山
方知大自在
555 8899'555 8889
碧园
山外山
方知大自在
555 8899'555 8889

门厅的考虑

售楼接待区设在四楼，如何把客人从负一楼引入四楼，且做得自然而不露痕迹？

这是一个临路的大门，我的想法是从景观的概念出发，是大门而又不似大门，没有明显开合的门扇，在材质上考虑用大片而表面纹理保存完整的石材贴面，令人感觉是与室外的景观相呼应的一个过渡空间，让客人在不知不觉中，一种室外的景观的延续，就从室外走到了室内。

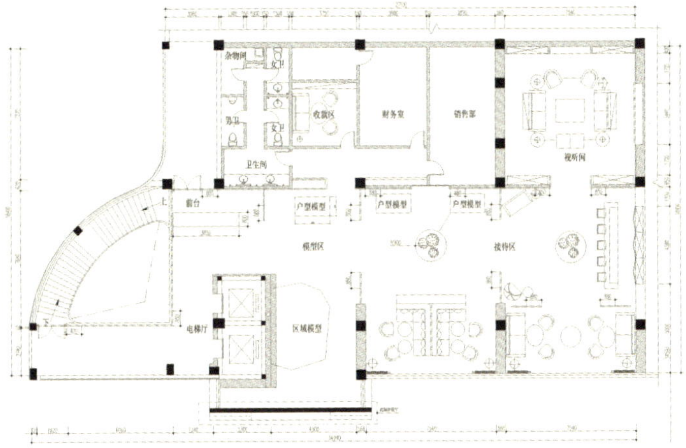

室内立面的设计是很简约的现代风格。在布局上追求一种尊贵感浓郁的轴线对称，层层渐进,越进到里面，便是越私密的空间。VIP室设在接待处的最深处，虽然同样不设门，理论上是大厅的一部分，但格局已完全不同。

左图：入口实景
上图：平面布置图（整套施工图详见附赠光盘）
下图：大厅效果图

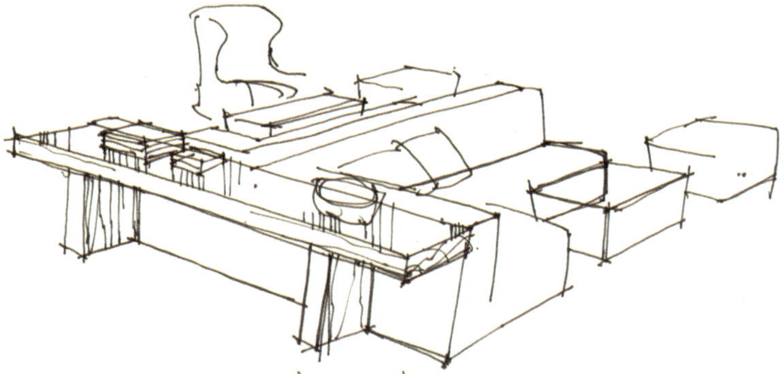

大厅休息沙发

洽谈区实景

屏风

我理想的屏风，是疏疏的，有些透，又不失严实。屏风的内容一开始就定为树——既然是山外之山，自然是离不开树的。

我最先想到的是绢纸。绢纸的材质气质，很符合我理想中的屏风。在绢上作画，只用深深浅浅的墨，勾出树的轮廓，干净雅致，应该是最好的。后来，由于工期太紧，我们所找的画师都无法保证能在指定的时间内交付，所以最终还是打消了这个想法。那么，退而求其次，能不能在绢纸上喷绘，用现成的图片来做屏风上的图案呢？我们赶紧联系了图文快印部，结果却令人失望：卷纸太过轻薄，无法过机，更无论说是在其上喷绘了。

事情在一次意外中出现了转机。走道的墙纸贴错了，在工人撕下重贴的当儿，那草编的墙纸被撕出了两个部分：一部分是结实的墙纸底纸，一部分却是有着自然且疏密纹理的草编——就像一张叶子被分成了叶肉与叶脉的两个部分。用透明的不干胶膜做树形网孔喷绘，再贴上从墙纸分离出来的草编，这就成了一副理想的屏风。

吧台

与普通的楼盘销售的不同，别墅社区的生意往往要来自于其老板的交际圈。与其说这是一个售楼中心，倒不如说，是一个会所，所以，一个大大的吧台就成了必须。

我试图把一些自然的东西放进这里来——大大的石头台子，树枝样式的吊灯，还有在树枝上惬意地唱着歌的鸟儿。

VIP室

大大的书柜、壁炉、舒适的皮质沙发、效果绝好的环绕音响，我希望，VIP室呈现给顾客的，是一个私人别墅的会客室的感觉。在这种轻松、适宜的氛围下，客人可以与置业顾问从容商讨未来数十年的人生计划——毕竟，买一栋别墅对大多数家庭来说，可是人生里的一件大事情。

左图：VI系统在装饰材料上的应用。
右图：洗手间实景

节制 TEMPERANCE

我所喜欢的设计，本质上应该是节制的，节制可以理解为简约、简化甚至简朴，是褪去繁华后的返璞归真，是丰富阅历后的回归。

大多成功的设计人可以很好地节制自己对表象的表现欲望，更注重寻求项目的本质的东西，能把复杂的事情简单化，用清晰的思维反朴归真，用创意的手法达到事半功倍。他们的作品中有些从外观看来相当平实，但其在细节及理念上所呈现的思考和人性关怀却是非常深厚的。纵然是一些古典建筑，很富有变化，看似很繁复，其实其中也蕴含了一个朴实而简单的设计逻辑。

如果能认识生活其实是由很质朴的需要构成的，我们的脑力和财力就可以专注有效地解决好日常问题，当设计不背负过多浮夸的责任，把心沉静下来，它才可以更好地完成自己的任务。

生活的细节

倚林佳园私人项目

DETAILS OF LIFE

倚林佳园私人项目于2009年的10月开始设计，11月初动工，这其间设计施工并行阶段一月有余。次年的5月竣工完毕，其中包括了家具及部分配饰的定制工作。

这是一个现代社会中颇具代表的四口之家：女主人艾琳，原南宁晚报社编辑，现在温哥华上班，男主人熊先生为政府工作，一年中大部分时间都会在国内，儿子们随母亲就读于加拿大。多年的漂泊生活使这一家人对这个新居倾注了特别的心力，期望着能有一个真正意义上的理想的家。

我同艾琳算是旧识，事实上，他们当年的老房子，即南宁晚报的宿舍，便是我给张罗的设计并装修——当然，这已经是十多年前的事情了。对这十年后的再次合作，我们都倍感珍惜。

公司成立至今，曾为各式的房地产项目做过无数的样板房，而开始接私人客户的单子，却还是近两年的事情。

中国人对“家”这个字，历来都有着深厚的感情。特别是在这样一个房地产泡沫严重、房价高飞的年代，对普通家庭来说，一个城市里的房子，很可能就是这一生的全部。一个真正有人生活的居所，与样板间是不一样的，真正去实施它的时候，所需要考虑到的细节，恐怕要数倍地超出你的预想。一个优秀的样板空间，它可以做得很温馨、很炫目或者很概念，还可以拍出美丽的照片去获得一个相关的设计奖。但私人客户是不同的，那些好，大都在摄影机拍不到、在一个外人所感受不到的地方。所以，在我的认识中，一个居所最好的设计师，应该是其主妇。

在这次设计与施工过程中，主人全程参与，从平面至最终效果，都有充分的沟通，使项目能得以顺利且完满地完结。艾琳是一个对生活品质及细节都颇为严格的人，生活经验丰富，且深谙设计应服务于功能的道理，其中提出的某些建议所牵涉的细节连我们都亦惊讶，颇受启发。

客厅最终实景效果

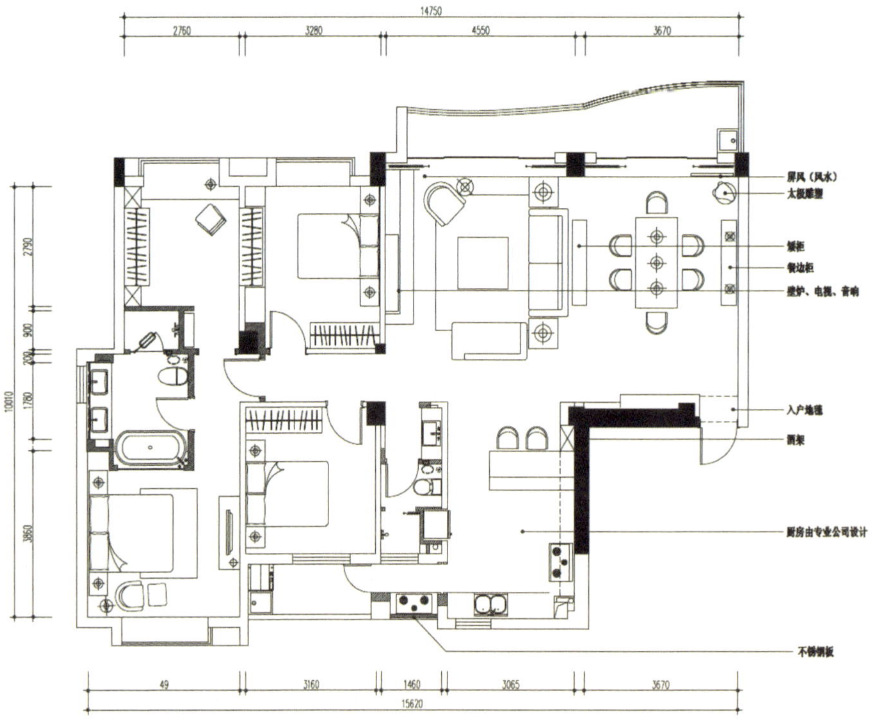

这不是一个常年会有人居住的房子，严格上说，这更类似于一个度假屋。但作为一个家，我们仍希望它能够尽善尽美。

在整理这个案例的同时，我翻出这半年多来同艾琳的聊天记录。（因地域与时差的关系，我们大部分的交流都是在QQ上进行的），中有几段留言，艾琳说起对新居的期许，其言辞恳切，至今读来，仍为之动容。

2009/11/9 1:05:57 艾琳

左加你好！随着日子一天天过去，我开始有点着急了，尽管我知道做你们这行的总是在客户的催促声中成长，但我想让你知道我对这个房子的落成是多么的期待！

自从2006年底到加拿大我一共回过3次国，但每次回来都是在出租房里过的（这其中还搬过两次），这对于在外漂泊（我和你说过在加拿大我是和老板一家住在一起，也没有意义上的家）的人来说是一件很痛苦的事情，而事实上我是一个对“家”特别重视的人，所以在上次回来的十几天里我就做出了买房子的决定，也许是上天的安排让我们在十年后还能再次合作，所以我很珍惜，我也和熊坚达成了共识，只要是左加坚持的，我们就尽量去配合，不论是在设计还是金钱方面，一是对你的信任，二是对我们的这个“女儿”宠爱有加。

每次回国我的时间都很短，这次回去也只能在南宁呆16天，我已经买了2月6日的机票，25日就要回加拿大，我是打算一下飞机就回我的新房子住。因此我恳请你一定要在这之前完成装修。

客厅，书房，卧室甚至是主卫生间，整房子个都被心旷神怡的绿树浓荫所拥促着，我想，绿色真是自然中最珍贵的一种颜色。

关于初始效果图，艾琳说

2009/11/7 14:19:37 艾琳

新的效果图我已经看了，总体感觉还不错，有几点意见：

1.电视机上面的隔板我担心在生活中时间长了会布满灰尘，但如果要考虑整体效果的话也无所谓了。

2.餐桌旁边不要放镜子（只是我们生活的习惯而已），可考虑挂一两幅画。

3.景观阳台两边的风水墙做起来后会不会显得客厅很暗？再加上窗帘的话就更不开阔了，其实有一个宽敞的景观阳台把外面的绿色引进室内是二楼的一大优势，我意见是去掉风水墙（至少去掉餐厅这边的），在餐厅这边阳台的角落放几盆高低错落的植物，从室内看出去有点像我发给你照片的效果。

我不知道你是否在白天去过我的房子，如果没有我希望你能找一个白天去感受一下，可能对你的设计会更有感觉，因为第一次我和你是晚上看的。我很担心工程的进度，有些可以同时进行的（如厨柜的设计）最好同时进行。

2009/12/4 13:53:47 艾琳

左加你好!这两天仔细看了小陈发过来的图纸，我终于明白了为什么设计需要一个月的时间了，我之前对你说的设想在你们的设计中都得到了体现和提升，尤其是主卫镜子的设计—在镜子中开了一扇窗，这是需要想象力的，我和熊坚说幸亏你没写小说，否则很多作家要失业了。

左图：平面布置图（整套施工图详见附赠光盘）

上图：最终客厅效果

关于客厅，艾琳说

2009/10/22 2:19:44 艾琳
因为没有看到你的设计图，所以无法想像你将会用什么方法做餐厅和客厅的隔断，但中间一定会有一台电视机，所以我和熊坚把电视想成可以360度旋转的，这样就可以在客厅或餐厅或简餐台的时候，甚至在备餐的过程都可以看到电视的正面，熊坚说好像没有这样的设计，但我们想如果在电视的底座放一个类似餐桌的旋转台面是否可行呢？你有没有做过这样的。

2009/10/30 12:26:09 艾琳
看了三个图纸后我的意见：
1.生活阳台安装的燃气热水器要有电插座，好像现在的燃气热水器都要有电才可以用。
2.鞋柜边可以预留一个插座，用来插烘鞋器。屏风打算用什么材质的？有什么说法？我们对风水不是很懂。另外酒架有多大？我们家没人爱喝酒的，如果专门做一个会不会有太做秀的感觉？我还是强调设计服务于功能。补充意见：
1.景观阳台的龙头应用来浇花，生活阳台的用来洗拖把。
2.壁炉位置可否考虑放在客厅休闲椅的位置？因为壁炉和电视放在一起视觉上不很协调，而且壁炉单独放可在整个客厅起一个装饰效果，至于是45度角还是多少角度合适，你来把握比例。

客餐厅效果图整体设计不错，简约而有品味。我和熊坚沟通后有如下修改意见：
1.沙发能否与电视隔断对调位置？因为在买这套房的时候，最让我心动的地方是一进门就看到宽大的景观阳台外满眼的绿，如果按现在的摆放，视野不是很开阔。另外从餐厅只能看到电视的背面，而电视的背面会有很多的接口和连线，如何解决此问题。
2.餐厅的风格不喜欢。家具显得很古老，而餐桌却显得很单薄。尤其是扶手椅，太厚重了。另外南宁的天气炎热的时候很长，绒布类的家具不宜用得太多，清洁起来也是一件麻烦事。我们家具店有一款椅子很不错，我会照相发给你供参考。
3.厨房的简餐台还是要外移，当椅子收进去时刚好与墙在一条线上即可（可能我描述不够准确，可问熊坚），高凳我要求是可以旋转的那种，兰斯的那款不错，但不能转动。
4.电视我们打算买：客厅46寸SHARP　LCD－46E66A型号，卧室拟选32寸SHARP　LCD－32A37A型号。客厅电视放在壁炉上是否看起来会很累？如果无法解决这个问题，宁可放弃壁炉的想法。
5.比较欣赏莲花的那款高靠背床，两款莲花的沙发还行，但坐起来会不会不舒服？而且那一款和客厅的整体风格和色彩搭配不是很有把握，斯汀的餐台还不错。
6.阳台的推拉门在效果图上看有玻璃砖的感觉，是否不够通透？
7.从图上看没有太喜欢的休闲椅。
8.餐厅垫平后层高已经很低，所以灯具不能选吊下来太多的（我们家的人都比较高啊）。

2009/10/30 20:39:53 艾琳
这段时间我一直在琢磨平面布置图，总感觉用电视和音响柜做餐厅和客厅的间隔有点不妥（如果再加上壁炉），首先是在视觉上让人一进门有不是很开阔的感觉，在实际生活中也不很方便，比如有人还在吃饭，有人已经吃完在看电视的话，吃饭的就只能看电视的背面，如果之间想有沟通的话，中间隔着电视会很不方便。如果把现在平面图上的沙发和电视柜调换一下位置，是否会更好呢？在电视固定不动的情况下，每个区域的人（包括就餐厅、厨房）都可以兼顾到，还有壁炉靠着墙似乎也更合理。

2009/11/1 12:52:03 艾琳
沙发和电视、壁炉位置互换后如何处理客餐厅之间上方那根梁是你要多花脑汁的地方。辛苦你了！让你改来改去的，如果你很有把握就不需要再出效果图了。

关于家具，艾琳说

2009/11/1 7:38:37 艾琳
给你发了几张我朋友在我们家具店买的餐椅照片。其中的餐椅是我比较喜欢的，面是真皮的，靠背是木头的，雕花和配色也不错，既可做正式的餐椅也可放在角落做休闲椅用，古曲和现代结合得较完美。
那两张布面的椅子有点像你效果图上的餐椅，但我不喜欢。最后一张高凳是吧台的，可旋转，但实际上我并不喜欢，一是靠背是铁艺的，冬天很凉，另外比较重，每天要推进桌子下面有点难度，所以我要求的吧台凳要求有点高，即现代又不能太简陋（好像小年轻坐的那种没靠背的），而且要能360度旋转，重量又不能太重。
2009/11/1 8:45:42 左前面的几个系列家具是想给您看看比较倾向哪类，从传统到新经典，算是目前国际上比较经典的设计了！我可以作为整体效果设计和品位的考量！ 效果图里面的家具只是初步参考而已，以选定的图片为准！

2009/11/5 2:54:21 艾琳
我上网看了你推荐的壁炉，好像和你设计的不符。我在温哥华看到一个很符合你设计要求的壁炉，它的厂址在深圳，我今天专程去拍了照片（发到你邮箱），三个壁炉的尺寸（英寸）分别是：44×22（外框）31.5×10（可发光发热内框），54×27（外框）36.5×11（可发光发热内框）以上两个的厚度都是6英寸，还有一个超长的尺寸是94.5×26（外框）79×11（可发光发热内框）厚度是8英寸，这个看来不适合我们家，在温哥华都是在别墅才用到，真的很气派。功率都是1500瓦的。

2009/11/5 2:56:35 艾琳
你把握一下，那个尺寸更合用壁炉的底座和周边你打算是用木头还是石材的?
2009/11/5 4:51:17 艾琳
壁炉芯是可以单买的（就是内框），你可以打这个电话联系：吕小姐，138*******。
2009/11/5 7:31:35 艾琳
这个电话是深圳总部在温哥华的代理给我的。具体的尺寸和价格及送货地址你和她联系就可以。

2009/11/15 9:25:22 艾琳
要特别提醒设计师注意的是：
1.壁炉的热风出口在下面，所以要留有10英寸以上的距离散热。2.壁炉的周边材料要具有耐热性，厂家用的是铝合金（因为是壁挂式的考虑到铝合金轻而且散热好）加石材。
2009/12/5 1:58:50 艾琳
我仔细研究了壁炉施工图，图中壁炉芯周围只是包了一圈铝合金，而我在温哥华看到的样版是在铝合金上面再粘上大理石材，这样壁炉才显得高贵，用铝合金包边是考虑材质较轻(否则挂在墙上会增加重量)而且有遇热不变形的特点，但如果只包铝合金框我认为会很难看。
2009/12/5 2:03:58 艾琳
厂家其实是配有包边的(铝合金加石材)，我当时没要是考虑到用他们的包边效果就象两台电视机放在一起(不通电的时候真的就象壁挂电视)，而且会压制你们的想象力。

2009/12/15 4:46:19 艾琳

我想像客厅面对电视机的应该放一款三人座的比较简约的沙发，背向过道可放两张单人沙发，风格和色彩可以有别于三人沙发，在壁炉边上放一张休闲倚，是比较精致偏女性的那种(因为我比较喜欢坐在壁炉边上看书)，这样也有别于卧室的休闲倚(因为是熊坚看电视多)，也就是一种时尚与经典混搭的风格。

2009/12/15 5:07:20 艾琳

BROOKS-1感觉比较符合我的要求，皮质(因为单人沙发可选择布面木扶手的)、沙发脚悬空(因为南宁热的时间较长，落地凳脚显得太厚重)，颜色最好不要白色(你帮把关就好)。

2010/1/4 11:13:18

我还是建议你用这个款式。

2010/1/4 11:13:58 艾琳

为什么?

2010/1/4 11:15:15 艾琳

边上不可能用扶手的，而且没有西餐台的感觉。

2010/1/4 11:18:36 左

和现代风格融合得更好些，边上的可以不要扶手，有那么长，想不西餐都难啊！其实这也是经典的西餐桌款式啊！有时候我们的审美是先入为主的！

2010/1/4 11:19:13 艾琳

不是才1.8m吗？比吧台还短啊。

2010/1/4 11:19:55 左

叫厂家加长。

2010/1/4 11:20:09 艾琳

那就可以。

2010/1/4 23:21:17 艾琳

我在我们家具店实地测量了2m和2.4m的西餐台(最近我也去几个当地朋友家考察过)，最后决定还是买斯汀2.4m的那张餐台，熊坚今天去房子测量过了，放得下。

2010/1/4 23:29:51 艾琳

2.4m的才感觉是西餐台，到时桌上要放烛台、花和桌旗会显得很气派，再说我们的吧台都有2m长，正式的餐桌才1.8m说不过去。我考虑过了，不用餐时两边八张椅子是可以收进去的，两头有扶手的两张也可以只放一张或是两张都先放到其他的地方，用的时候再拿出来，这样视觉上就不会很挤，反而会成为一个亮点。就算餐台不在灯的正中间也无所谓 。

2010/1/4 11:24:46 左

沙发如何?

2010/1/4 11:25:43 左

这款觉得可以吗?

2010/1/4 11:26:40 艾琳

只是感觉太方正了一点，是否应该要三人座的?

2010/1/4 11:27:00 艾琳

是布艺还是皮质的?

2010/1/4 11:27:34 艾琳

在南宁这种天气我不想用太多布艺的。

2010/1/4 11:28:31 艾琳

沙发其实最重要的还是要坐起来舒服。

2010/1/4 11:28:37 左

三人坐的就是两个垫，这是皮的，颜色可以另选。

2010/1/4 11:29:02 艾琳

颜色你也帮我订好了。

2010/4/6 3:25:49 艾琳

家俱计划什么时候能做好呢?有些配套的装饰我想让你们一起帮买,因为你们对我们家的整体风格能把握得住,而且我也相信你们的审美.我能想到的有:

1.餐边柜上的画或与之相配的镜子

2.正式餐台上摆放的插花

3.电视墙边上的大型花艺

4.客卫坐厕墙上的挂画

5.主卫镜中窗台上的瓶花

6.主卧墙上的画

2010/4/6 3:28:34 艾琳

以上是我的设想，如与你的设计风格不符请修正，总之我希望我的家能让人感觉到女主人的存在。

关于厨房，艾琳说

2009/10/22 2:13:33 艾琳

同意生活阳台的门往外扩张，但我还是想你用什么方法让厨房看起来是独立完整的，中厨是一个意外的创意，给人一种别有洞天的感觉。

因为中厨没有操作台，我想可以用一个可折叠式的小推车替代，需要的时候把材料放在上面，我以前在一个小房子就用过这个方法，非常实用。你更多的从完整性和美观角度去考虑，生活中的一些问题我可以自己去想办法。

2009/10/23 8:48:32 艾琳

西式厨房一定要预留足够的插座，因为会有很多的小家电用到。

2009/10/26 7:35:45 艾琳

想听听你的意见，厨房是否需要装净水器?

2009/10/26 11:52:45 左

我建议装!

2009/10/26 13:55:37 艾琳

用什么牌子的好? 如何摆放更合理你要在整体设计时考虑进去。

2009/10/26 13:57:26 左

放在橱柜下柜水盆旁就好了。

2009/10/29 13:42:46 艾琳

刚才抽空上网查了有关净水器的信息。体会是：买什么样的净水器关键是看你的用途，大致可分为两类："过滤器"优点出水量大、价格低，可过滤一般杂质，缺点是不能直接饮用。"净水器"优点是过滤得非常彻底，包括细菌和异味，可直接饮用，但出水量小，价格高。我的观点是装一个"过滤器"就可以了，因为我们都要煮开后才喝（吃）的。两种都可装在厨柜下。

2009/11/23 23:52:35 艾琳

听说中厨也准备安装抽油烟机，如果和西厨的抽油烟机共用一个管道，当中厨的工作而西厨的不工作时，会不会倒灌油烟、味道进房子? 这是个很严重的问题啊!

2009/11/24 9:17:05 左

不会，有个单向阀门就好了。

2009/12/18 2:28:15 艾琳

我今天仔细看了你们传给我的厨房立面图，厨柜没有设计抽屉，这不符合实际生活的需要，至少要有两个抽屉(放消毒好的筷子、刀叉等)。另外吧台的下部设计是否考虑做成柜子会实用些?

关于主卫，艾琳说

2009/10/16 13:38:47 艾琳
如果卫浴间是通透式的，那么在视觉上一定要给人一种很阳光很干爽的感觉。我觉得浴缸靠着卧室比挨着马桶和洗漱台更好，因为后者是用水最多而且每天利用率最高的。

2009/10/20 0:36:41 艾琳
平面图熊坚和我都已看过，基本同意此方案，但在一些细节方面有如下意见：
1.客卫一定要先保证淋浴房的尺寸，然后才考虑冰箱位置。
2.厨房吧台的位置是否可以再外移到台面基本与走廊的墙面同一水平线，吧台台下柜留出放脚的宽度即可。这样厨房会大气一些。
3.进门左边的多功能柜除了放鞋子还要考虑给客人挂衣服和放包的收纳功能。
4.生活阳台的排气扇，除了在外面装开关，还应在公共卫生间内也装开关，以方便洗澡时打开排气扇。
5.西厨的炉具用电的，中厨用天然气的。
6.壁炉的位置?
7.主卧应加一门，以节约冷气。
8.主卧窗换成中空玻璃窗。
2009/10/20 13:09:55 艾琳
两个浴室的毛巾架要带有烘干功能的，所以要预留插座。
2009/10/20 13:11:48 艾琳
主卫的浴缸是否可以边泡澡边看电视?
2009/10/20 13:15:01 艾琳
卫生间的光源是否考虑可调节的，到时可根据个人需要或明或暗。
2009/10/20 13:36:42 艾琳
衣帽间要有一个化妆台的位置，可以不大，点到即可。

2009/10/22 2:04:40 艾琳
我和熊坚的意见主卫还是做成玻璃隔断的，但起一截平浴缸的墙，墙上是全封闭的玻璃，玻璃的质量要求比较好，我想应该是透明度高（这样可以隔墙看电视）且易清洁的那种（我记得有一种说法，玻璃密度高就易清洁）而且有隔音效果的，因为我们的生活习惯还是打开的时候很少，再说在心理上总感觉如果打开会有水汽、废气进到卧室，尤其在回南天的时候，要经常打开排气扇，所以为了保证卧室的干爽、静音效果，还是采用全封闭但透亮的效果。
我有一个想法，就是在马桶的边上做一个小隔断，刚好是当人坐在马桶上时平头的位置，可以是磨砂玻璃或是别的替代材料，这样当屋子里是两个人的时候，增加一点私密性。这需要你从可行性和美学的角度去考虑。我想象其实也就是一个L型的玻璃卫浴间。

2009/10/29 10:49:29 艾琳
关于卫浴的意见：
1.主卫和客卫的淋浴龙头好像都是固定的，还是改为有伸拉件的好，这样方便清洁淋浴房和洗浴。
2.主卫浴缸的尺寸是多少?
3.智能坐厕的价格是多少?

BOTANIQUE
TABLEAU
ENCYCLOPEDIQUE
ET METHODIQUE
DES TROIS REGNES DE LA NATURE

2010/9/4 0:17:22 艾琳

左加你好！前两天我已回到温哥华，虽然这次回去的时间最长，但住在舒适漂亮的新房子更有了时光如流水的感叹。

那天你们走后，我和熊坚用了两天的时间试图去接受你那创意门把手，也许是我们骨子里缺少艺术细胞，总有怪怪的感觉，尤其是我不能接纳，因为我们家所有的东西给人的感觉都是很精致的那种，突然冒出这么一个原生态的大家伙，的确很不谐调(这与混搭应该不是一个概念)。如果我们家的桌子椅子是老树敦的，茶几是萝框的类型，可能倒是很出彩的，所以我们就把它拿了下来，只留下4个不锈钢把手，虽说不好，但也只能这样了。

我和熊坚都知道那是你花了心血的作品，所以我们已经很好地保存起来，你随时可以拿走，用在真正喜欢的客户那里，真的是很抱歉！

这段时间除了发现木地板起翘外，还发现多个地方的墙面开裂，熊坚20号要到温哥华，你看能否在这之前帮处理一下？谢了！

加拿大签证有希望吗？美国之行是什么时候？真诚地希望能有机会在温哥华接待你。

2010/9/6 12:16:38 艾琳

能否再帮我买两张和我现在用的一样的吧椅？

ARCHITECTURE 设计的目的

我们做设计的目的是什么？我常要问自己。我想，优秀的设计不仅仅是考虑一个有美感的空间形式，更是在规划一种生活方式，是在传递某种生活文化，甚至能启发人们发现生活中的更多美好，帮助人们获得更多的生活乐趣。

就比如住宅，我们需要考虑在建成之后能否给使用者带来方便，是否是他所想、所需，他的生活会否因此而变得更加幸福、多彩、有乐趣，会否给他的人生带来更多美好的回忆。这个时候，设计师更像是这个房子的主人，甚至可能需要投入比屋主更多的感情。至于完成这个设计之后，拍成照片，有多么的漂亮，或者可以拿出去获个奖，这些，都不是最终的目的。

最重要的，是看得见的东西里面所发生的看不见的故事。

西山下的大户人家 山水华府样板间

THE RICH FAMILY IN WESTERN HILLS

东方情结是我们内心最深的情意，从容、优雅，还有你我简静的禅心。

业主熊总是一个生活规律的人，早睡早起，适量运动，不沾烟酒，不吃垃圾食物。我们是在桂林一个房地产推广公司搭线下认识的，在第一次约谈后，他就同我们签了设计合同，是个很爽快的甲方。

作为一个白手起家的人，熊总是个做事细致、凡事爱亲力亲为的领导，他给我们找了很多楼盘的相关资料、宣传册，园林规划等原始记录，以期能做一个符合其项目定位的样板间。

第一次到项目地点，我便有些惊异于桂林城喧闹的心脏居然还有这么一片安静的地方。车子穿过西山公园，大约走了一段山阴小径，几乎让我疑心已经到了城郊，可是并不，拐过一个弯，就到了这花明柳暗处。

项目很小，总占地面积不超过一万三千平方米，小小的四合院的形式，只设了简单的50户人家，其中8栋为独户别墅。这么小格局的楼盘，在房地产项目中是很少见的，在桂林，却很适合，因为桂林原本就是这样小小的精致的城市。

需要做设计的，是别墅中的一栋，三层楼，另加一个地下室。别墅，本是西方的舶来品，中国古典的院落里，是没有别墅这样的建筑形式的。考虑到项目的现场情况，整体形象，还有前期宣传等，都要求我们做一个有古典气质的样板间，最后，我们的决定以现代手法去融合东西方设计，用西方的空间，来承载东方的精神。不管时代如何发展，东方情结仍然是我们内心最深的情意，从容、优雅，还有你我简静的禅心。

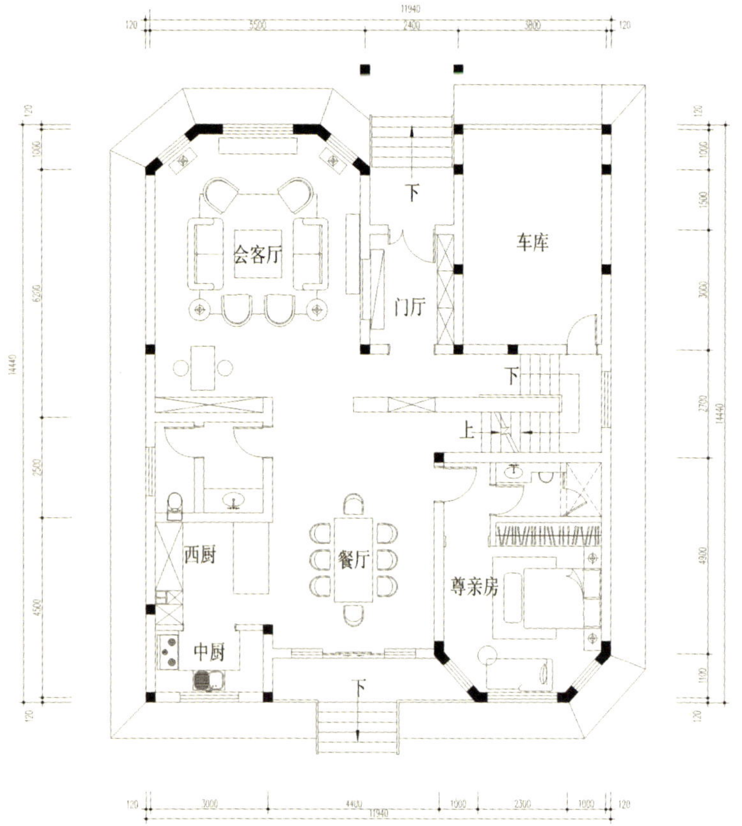

左图：一层平面图（整套施工图详见附赠光盘）

原则上，样板间比私人客户要好做得多，因为里面没有人居住，需要考虑到的生活细节相应就要少很多。在设计之初，我们给它设定了这样的一户人家：中国传统的大户人家。主人事业有成，有书卷气却不迂腐，有在西方生活的经历，其生活在与时代接轨的同时，仍保留了自身端庄洒然的气度。家庭结构包括：慈祥的老人；事业成功的主人夫妇；孩子们包括一个小绅士，一位小淑女，分别是20和24岁。

左图：餐厅实景
右上：客厅茶台
右下：客厅实景

西式传统的别墅空间，东方古典情意的表现，以现代设计手法将两者融合——这是一个传统大户人家的现代生活。简约但注重细节及舒适性，现代家具与明式家具的搭配更突出了空间的时空感。深沉的木色和大面积的棉麻材质，显得沉着、温和与平静。

空间的奢侈并不在其装饰的华丽与谣言，而是能实现主人的品味与需求，能予人愉悦、安全、私密的享受与交流体验。

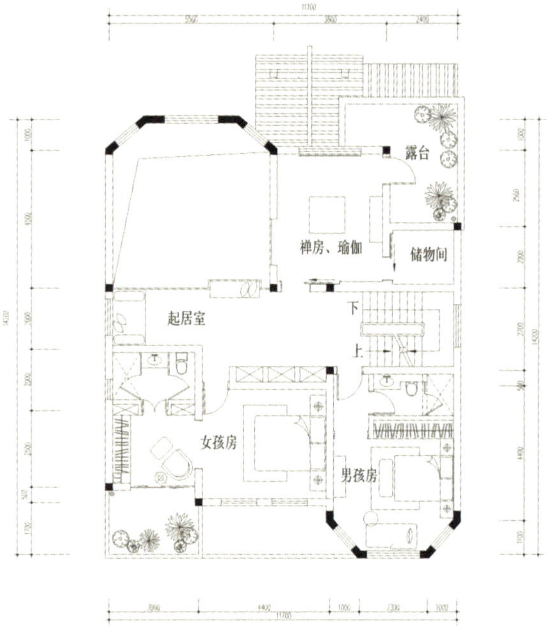
露台
禅房、瑜伽
储物间
起居室
下
上
女孩房
男孩房

人需要交流，在什么时候都是如此。对一个家庭来说，交流尤为重要，我们总在谈论代沟，谈论理解，其实，只是在说给我们一个能一起交流的空间与机会。小小的起居室，可以是孩子们玩乐与交流的地方，也可以与楼下的客厅互动，是个小而有大为的空间。

上图：起居室
左图：二层平面图（整套施工图详见附赠光盘）

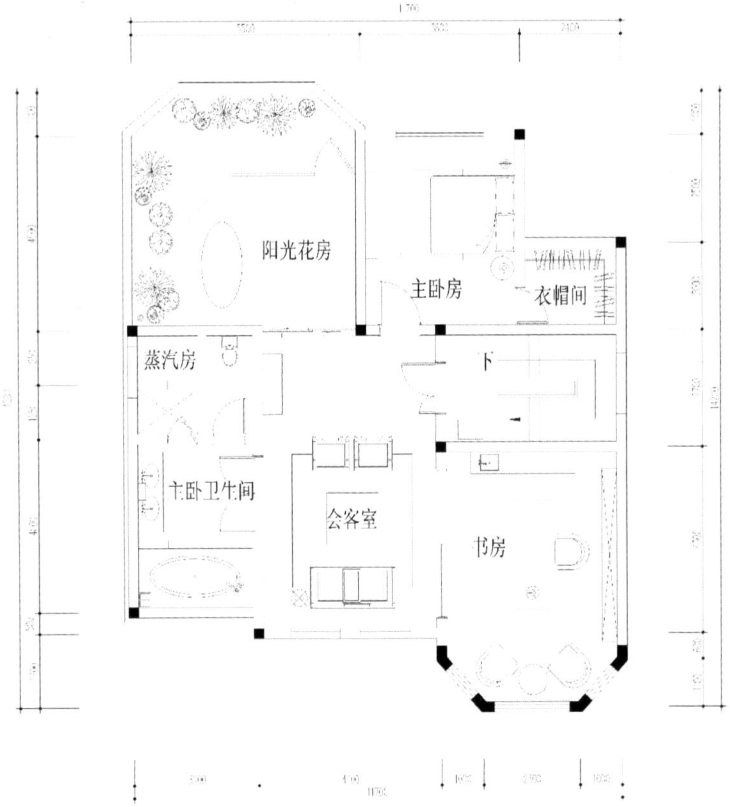

左图：书房

上图：二层平面图（整套施工图详见附赠光盘）

男孩房

主卧

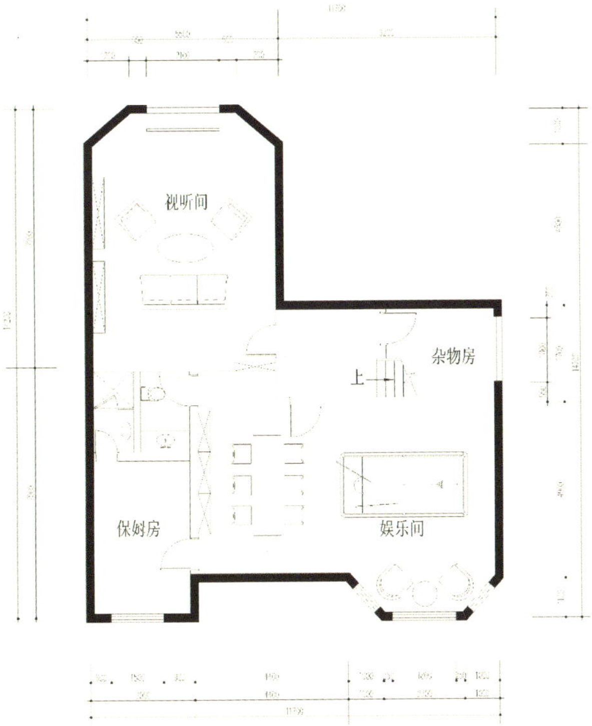

左图：这样一个招待朋友的地下娱乐室似乎是很必须的，有球桌，有好酒，有音乐，有欢愉，有每一颗放松的心。
上图：负一层视听室
右图：负一层平面图（整套施工图详见附赠光盘）

空间的持续性生长 PERSISTENCY

空间不是二维的，甚至不是三维的，三维只是空间的形体，但空间的精神体验需要四维——即时间的参与。设计与其说是在解决当下的问题，不如说是在解决过去、现在和未来的连续性问题。

一个空间是否能持续发展很重要，我们去设计一个空间的时候，不应该让它是一成不变的，它应该是活的，应该让空间的使用者参与其中，让空间随着时间的推移有所变化，以满足使用者不同时期各方面的要求，让空间一直有故事发生。这个空间在建成后并不是它的终点，应该是它的另一个起点——生活本身就是在变化着的，人的功能要求和精神需求亦始终在变，空间应与人一起共生。

纯净乡村

山水美地样板间

THE PURE VILLAGE

这是2000年的作品。这么多年后仍厚着脸皮把它晒出来，实在是因为它对我意义重大。当年样板间开放后，曾在南宁室内设计界引起了一番不小的讨论，感动了很多来看房子的人。曾有一个中年女子，从工地一路打听最终找到了我当时在石油大厦的工作室，不为什么只是想看一下这个房子的设计师，同我握个手。

我想，虽然在这个驳杂的商业社会里过着完全不一样的生活，但我们每个人内心对纯净、对优雅、对美好的渴望，应该都是一样的。

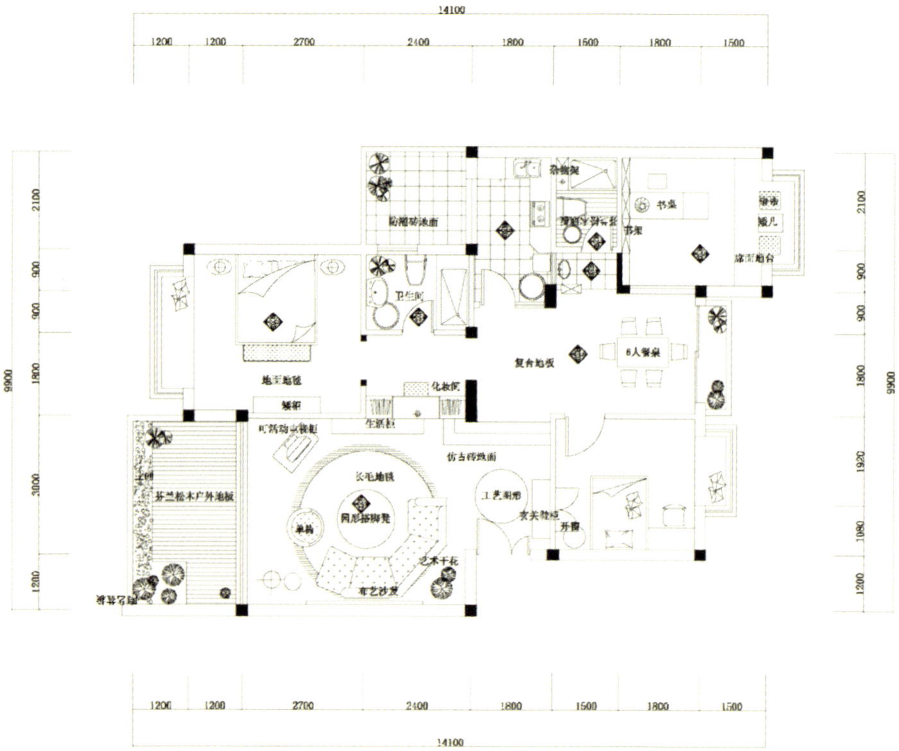

平面布置图

主题 爱情、亲情、纯真、从容

定位

一个家庭的郊外住所，男主人：自由作家，喜欢到非洲及东南亚旅游；女主人：钢琴家，富有圣洁的爱心；女儿：六岁，可爱的小公主。

诉求

健康、绿色的建筑空间，充分考虑通风、采光、室内外自然景色的穿透与互动。通过对建筑空间的相应调整，用最朴实的方法解决和完善空间。

资金投入与视觉品质

装修带家具每平方米600元左右的造价（2000年价格）。寻求以最少的资金投入表达高尚的生活格调。想说明生活其实很简单，但品味是内在的，渗透和流露在生活每一个细节与角落。

材料使用

墙立面乳胶漆；3000元每立方（2000年价格）的松木厂家订制门窗及家具；地面仿古砖、复合地板和地毯；订制布艺沙发约3000元。用最朴实而简单的材料营造自然亲切的生活气息与丰富的生命内涵。

我想，生活可以朴实而优雅，
无关经济、无关地位；
我想，人格都可以高贵，
无关出身、无关贵贱……
只要你拥有朴实、优雅的灵魂，
拥有淡定、从容不迫的情感，
喧嚣和浮华就无法撼动你的内心。

生命的真实，感恩的心，还有真挚的爱，
这些都是我们一生都不能丢弃的行李。
透过他们，感知纯净、品读生命。

因为纯净，所以优雅；
因为纯净，所以高贵；
因为纯净，所以从容。

设计作为一种具有艺术性的创造性劳动，同时更是一种严谨而细致的服务，我们以开放的心态努力地学习和了解多元事物的丰富性和同质性，通过多角度的观察、思考和碰撞，以期更清晰准确地判读项目的核心所在，从而找到最有效的成就之道。所以我们的理念和风格是多元化的，因项目需求而异。但同时我们也带着自身的生活认知和审美意识，并渗透于我们的多元设计之中，那便是：**高尚 优雅 淡定 生机。**

篇外一

音乐与空间

不记得是哪位先人曾把人类的艺术分为两类，绘画、雕塑、文学等为一类，音乐和建筑为一类。前者是基于对现实世界的写生性，而音乐和建筑则是人类在改善自身生命形态过程中完全创造性的产物。作为同类艺术，其间确实存在着千丝万缕的内在联系与共通之处。作为人类对自然有所了解之后的文化载体，她们最诚实地记录着人类的生命历程。

人类可以不会唱歌，却不能没有栖身之所。当祖先从山洞走出来，再简单的窝棚也可以称之为建筑空间，而当时用以传递信息的吱吱嚎叫声却不能谓之音乐。只有在具备了最基本的生命条件有了温饱之后，有了崇拜、信仰，有了区别于动物的情感，音乐才慢慢产生。同是人类智慧的载体，而一个以物质为基础，一个以精神为基点。

从凿石以为器到破译人类基因，人们大量地改造自然环境，却无法重建自然生态的内在次序，物质环境与伦理精神日渐堪忧。在似乎任何文化都在快餐化和数码化的当今，音乐以她独具的感染力几乎成为人类最主要的精神食粮，而空间环境对人的影响还是一个潜移默化的概念。相对来说品质高的空间是人类的精神归属与自我表现，同时也是人们攀比、炫耀、为达到一些社会目的的媒介，不可避免有着矫情的成分。而聆听音乐的状态是最真实和自由的，人们很清楚自己喜欢什么样的音乐但并非很清楚地知道自己到底习惯于哪种空间环境，可以选择音乐来自我陶醉却无法回避生活中不如意的环境。他们在具象与抽象，物质与精神之间互为交织。

空间与音乐的共通与区别源于她们自身的物理属性。空间的生成建立在物质的基础上，除了智慧还需要大量的能量与动力，而音乐是声波与时空的交叉组合，是完全抽象与虚拟的，她可以用比喻性的视觉乐谱永久记载和自由的传播，但美好的环境并非每个人以及永久都能分享。一部音乐作品由个人创作许多人去演奏传唱，而环境一但成型，除了使用和欣赏，再创造、再参与的余地将非常有限。音乐在以她丰富的虚拟性、广泛的传播性和参与性为人们喜闻乐见，积极地促进着人类情感的交流表达和归属。这些优越性是空间环境设计中应反思的问题，也许是今后的思路与方向。

生命的存在总是在设法平衡着自己的内在需求、生理的需求和社会性的需求，反则就会脱离于正常的生存轨迹。建筑空间和音乐更是遵循着这个基本原则。当人们为某个作品而有所感动时，通常是因为从中得到了他所应该需要的东西。建筑和音乐以她们的灵魂感化和慰籍着生命，这也是业界最关键的社会责任所在。

教堂会让圣徒们虔诚忘我，人们置身于苏州园林之间也会为其自然隽永的诗情画意而陶醉，新婚的夫妇会为刚装修好的新居欣喜，人们在生活中都有种种的环境需求，或未曾经历过的、或精神寄托象征的、或非常怀念的、或最为渴望的，这些都是情感层面的需求平衡。这种情感来源于环境所呈现的表情及经过记忆之后的象征性。而环境的表情源于感觉神经对物质的物理现象量变化的综合反应，如颜色的纯度冷暖变化，形的点、线、面、体，质感的光洁与粗糙，光的明暗变化，这些量的变化就是平衡的过程。恰恰这也是音乐的基本规律。声波的频率、振幅和波形不同线形组合形成了音高、音色、音质，她们的量的变化与组合经过听觉神经的汇合在大脑中产生种种视觉联想，如提琴的线形，钢琴的点状，重奏产生块状。古典音乐感觉是调合色，现代音乐像对比色，中音像深色，低音像灰色，高音像亮色，美声像调合色，通俗唱法像未调合色等等。音乐通过这些抽象的视觉联想，又来塑造人们生活中需求的环境，以此达到人具象、情感层面的需求平衡，这是音乐感染人的一个途经。

音乐除了以抽象塑造具象的美以外，也更善于塑造抽象的情境心灵的美感，她以她的量变形成节奏、旋律，当节奏、旋律与人的心律波动达成和谐与共鸣时，人就会为之感染和打动。而空间的物理现象之量变也能产生节奏与韵律感，我称之为视觉音乐。随着我们进入一个空间，由浅至深会渐渐地有不同的情绪体验，这就像在听一曲交响乐，从慢板、行板到快板……渐入佳境。每一个空间的节点就是一个不同的乐章，给人以不同的氛围。可是，每个不同的空间又是关联的，都围绕着同一个主题，同一个主旋律——这和音乐也是一样的。组成空间的材质的不同质感就像乐器的不同音色，从而塑造抽象的情绪及探入心灵的美感。我们都看不见风，但却都不能否认自然里有风的存在，正如我们似乎无法在一个空间中听到任何声音，但空间的情绪却已无形中在向你传达。如果环境具备具象的美感同时增添一份这样抽象的美感，空间将更富有感染力，当音乐响起，音乐、环境与心境之间达成良好的互动，空间的品质将进一步提升，更为感人。

环境设计是一门带有商业成分的艺术，但她有着纯艺术一样浑厚的社会责任，设计师在考虑纯艺术层面的同时又受着物质的制约，不象音乐的创作来得那么自由。作为同类别的艺术，音乐之中有许许多多美的规律值得我们去学习，有很多丰富的主题让我们去借鉴，有太多的艺术风格值得我们去思考。以创作音乐的纯净状态去创作我们的环境，以享受音乐的心情去享受空间，我想，这是最好的事情。

篇外二

最美的建筑

这个有意思的“建筑”其实是一座砖窑，在桂林的城郊，我在一条荒疏的二级公路边发现了它。它很朴实，没有任何设计师的参与，一切只遵循功能的指引生长而成。这样良性的生长使其有着一种很从容的浑然天成的美，几乎不用刻意取景，随意的一个角度都是一张极好的照片。

我想，这大概就是我们与我们所谓的现代城市最匮乏的一种美丽吧。

一个砖窑，在隽秀的桂林风景中，是我所见的最美的“建筑”，不需刻意取景，每一个角度都可堪称完美。

图书在版编目（CIP）数据

生长的空间 / 左加 著. --北京：中国林业出版社, 2012.9
ISBN 978-7-5038-6491-9
Ⅰ. ①生… Ⅱ. ①左… Ⅲ. ①室内装饰设计Ⅳ. ①TU238

中国版本图书馆CIP数据核字(2012)第022075号

中国林业出版社・建筑与家居出版中心
责任编辑: 成海沛　纪 亮
在线对话: 315435059（QQ）
特约编辑: 黎海莹
设　计: 阮恩龄
出　版: 中国林业出版社
网　址: http://lycb.forestry.gov.cn
电　话: 010-83228906
地　址: 北京西城区德内大街刘海胡同7号
邮　编: 100009
发　行: 新华书店
印　刷: 北京顺诚彩色印刷有限公司
版　次: 2012年9月第1版
印　次: 2012年9月第1次
开　本: 240mm×280mm，1/12
印　张: 14
字　数: 200千字
定　价: 128.00元

购买本书凭密码赠送高清电子书
密码索取方式
QQ：179867195，E-mail：frontlinebook@126.com

法律顾问：北京华泰律师事务所 王海东律师　邮箱：prewang@163.com